한솔 완벽한 연산

수학은 마라톤입니다.
지금 여러분은 출발 지점에 서 있습니다.
초등학교 저학년 때는
수학 마라톤을 잘 하기 위해
기초 체력을 튼튼히 길러야 합니다.

한솔 완벽한 연산으로 시작하세요.
마라톤을 잘 뛸 수 있는 완벽한 연산 실력을 키워줍니다.

이 책이 궁금해요!

왜 완벽한 연산인가요?

기초 연산은 물론, 학교 연산까지 이 책 시리즈 하나면 완벽하게 끝나기 때문입니다. '한솔 완벽한 연산'은 하루 8쪽씩, 5일 동안 4주분을 학습하고, 마지막 주에는 학교 시험에 완벽하게 대비할 수 있도록 '연산 UP' 16쪽을 추가로 제공합니다.
매일 꾸준한 연습으로 연산 실력을 키우기에 충분한 학습량입니다.
'한솔 완벽한 연산' 하나면 기초 연산도 학교 연산도 완벽하게 대비할 수 있습니다.

몇 단계로 구성되고, 몇 학년이 풀 수 있나요?

모두 6단계로 구성되어 있습니다.
'한솔 완벽한 연산'은 한 단계가 1개 학년이 아닙니다. 연산의 기초 훈련이 가장 필요한 시기인 초등 2~3학년에 집중하여 여러 단계로 구성하였습니다.
이 시기에는 수학의 기초 체력을 튼튼히 길러야 하니까요.

단계	권장 학년	학습 내용
MA	6~7세	100까지의 수, 더하기와 빼기
MB	초등 1~2학년	한 자리 수의 덧셈, 두 자리 수의 덧셈
MC	초등 1~2학년	두 자리 수의 덧셈과 뺄셈
MD	초등 2~3학년	두·세 자리 수의 덧셈과 뺄셈
ME	초등 2~3학년	곱셈구구, (두·세 자리 수)×(한 자리 수), (두·세 자리 수)÷(한 자리 수)
MF	초등 3~4학년	(두·세 자리 수)×(두 자리 수), (두·세 자리 수)÷(두 자리 수), 분수·소수의 덧셈과 뺄셈

책 한 권은 어떻게 구성되어 있나요?

책 한 권은 모두 4주 학습으로 구성되어 있습니다.
한 주는 모두 40쪽으로 하루에 8쪽씩, 5일 동안 푸는 것을 권장합니다.
마지막 5주차에는 학교 시험에 대비할 수 있는 '연산 UP'을 학습합니다.

'한솔 완벽한 연산'도 매일매일 풀어야 하나요?

물론입니다. 매일매일 규칙적으로 연습을 해야 연산 능력이 향상되기 때문입니다.
월요일부터 금요일까지 매일 8쪽씩, 4주 동안 규칙적으로 풀고, 마지막 주에 '연산 UP' 16쪽을 다 풀면 한 권 학습이 끝납니다.
매일매일 푸는 습관이 잡히면 개인 진도에 따라 두 달에 3권을 푸는 것도 가능합니다.

하루 8쪽씩이라구요? 너무 많은 양 아닌가요?

'한솔 완벽한 연산'은 술술 풀면서 잘 넘어가는 학습지입니다.
공부하는 학생 입장에서는 빽빽한 문제를 4쪽 푸는 것보다 술술 넘어가는 문제를 8쪽 푸는 것이 훨씬 큰 성취감을 느낄 수 있습니다.
'한솔 완벽한 연산'은 학생의 연령을 고려해 쪽당 학습량을 전략적으로 구성했습니다. 그래서 학생이 부담을 덜 느끼면서 효과적으로 학습할 수 있습니다.

학교 진도와 맞추려면 어떻게 공부해야 하나요?

이 책은 한 권을 한 달 동안 푸는 것을 권장합니다.
각 단계별 학교 진도는 다음과 같습니다.

단계	MA	MB	MC	MD	ME	MF
권 수	8권	5권	7권	7권	7권	7권
학교 진도	초등 이전	초등 1학년	초등 2학년	초등 3학년	초등 3학년	초등 4학년

초등학교 1학년이 3월에 MB 단계부터 매달 1권씩 꾸준히 푼다고 한다면 2학년이 시작될 때 MD 단계를 풀게 되고, 3학년 때 MF 단계(4학년 과정)까지 마무리할 수 있습니다.
이 책 시리즈로 꼼꼼히 학습하게 되면 일반 방문학습지 못지 않게 충분한 연산 실력을 쌓게 되고 조금씩 다음 학년 진도까지 학습할 수 있다는 장점이 있습니다.
매일 꾸준히 성실하게 학습한다면 학년 구분 없이 원하는 진도를 스스로 계획하고 진행해 나갈 수 있습니다.

'연산 UP'은 어떻게 공부해야 하나요?

'연산 UP'은 4주 동안 훈련한 연산 능력을 확인하는 과정이자 학교에서 흔히 접하는 계산 유형 문제까지 접할 수 있는 코너입니다.
'연산 UP'의 구성은 다음과 같습니다.

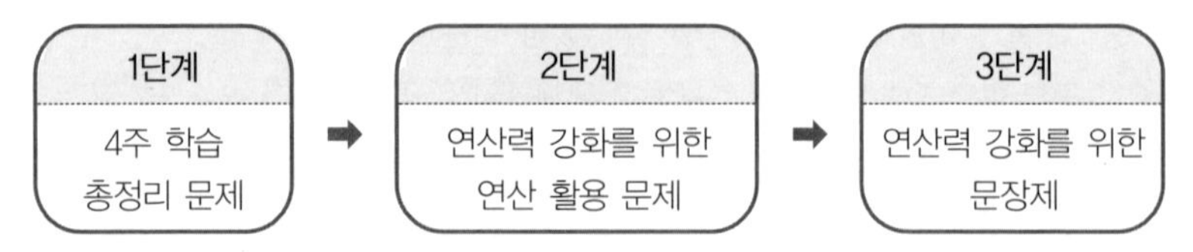

'연산 UP'은 모두 16쪽으로 구성되었으므로 하루 8쪽씩 2일 동안 학습하고, 다음 단계로 진행할 것을 권장합니다.

학습 구성

MA 6~7세

권	제목	주차별 학습 내용	
1	20까지의 수 1	1주	5까지의 수 (1)
		2주	5까지의 수 (2)
		3주	5까지의 수 (3)
		4주	10까지의 수
2	20까지의 수 2	1주	10까지의 수 (1)
		2주	10까지의 수 (2)
		3주	20까지의 수 (1)
		4주	20까지의 수 (2)
3	20까지의 수 3	1주	20까지의 수 (1)
		2주	20까지의 수 (2)
		3주	20까지의 수 (3)
		4주	20까지의 수 (4)
4	50까지의 수	1주	50까지의 수 (1)
		2주	50까지의 수 (2)
		3주	50까지의 수 (3)
		4주	50까지의 수 (4)
5	1000까지의 수	1주	100까지의 수 (1)
		2주	100까지의 수 (2)
		3주	100까지의 수 (3)
		4주	1000까지의 수
6	수 가르기와 모으기	1주	수 가르기 (1)
		2주	수 가르기 (2)
		3주	수 모으기 (1)
		4주	수 모으기 (2)
7	덧셈의 기초	1주	상황 속 덧셈
		2주	더하기 1
		3주	더하기 2
		4주	더하기 3
8	뺄셈의 기초	1주	상황 속 뺄셈
		2주	빼기 1
		3주	빼기 2
		4주	빼기 3

MB 초등 1 · 2학년 ①

권	제목	주차별 학습 내용	
1	덧셈 1	1주	받아올림이 없는 (한 자리 수)+(한 자리 수) (1)
		2주	받아올림이 없는 (한 자리 수)+(한 자리 수) (2)
		3주	받아올림이 없는 (한 자리 수)+(한 자리 수) (3)
		4주	받아올림이 없는 (두 자리 수)+(한 자리 수)
2	덧셈 2	1주	받아올림이 없는 (두 자리 수)+(한 자리 수)
		2주	받아올림이 있는 (한 자리 수)+(한 자리 수) (1)
		3주	받아올림이 있는 (한 자리 수)+(한 자리 수) (2)
		4주	받아올림이 있는 (한 자리 수)+(한 자리 수) (3)
3	뺄셈 1	1주	(한 자리 수)−(한 자리 수) (1)
		2주	(한 자리 수)−(한 자리 수) (2)
		3주	(한 자리 수)−(한 자리 수) (3)
		4주	받아내림이 없는 (두 자리 수)−(한 자리 수)
4	뺄셈 2	1주	받아내림이 없는 (두 자리 수)−(한 자리 수)
		2주	받아내림이 있는 (두 자리 수)−(한 자리 수) (1)
		3주	받아내림이 있는 (두 자리 수)−(한 자리 수) (2)
		4주	받아내림이 있는 (두 자리 수)−(한 자리 수) (3)
5	덧셈과 뺄셈의 완성	1주	(한 자리 수)+(한 자리 수), (한 자리 수)−(한 자리 수)
		2주	세 수의 덧셈, 세 수의 뺄셈 (1)
		3주	(한 자리 수)+(한 자리 수), (두 자리 수)−(한 자리 수)
		4주	세 수의 덧셈, 세 수의 뺄셈 (2)

초등 1 · 2학년 ②

권	제목	주차별 학습 내용	
1	두 자리 수의 덧셈 1	1주	받아올림이 없는 (두 자리 수)+(한 자리 수)
		2주	몇십 만들기
		3주	받아올림이 있는 (두 자리 수)+(한 자리 수) (1)
		4주	받아올림이 있는 (두 자리 수)+(한 자리 수) (2)
2	두 자리 수의 덧셈 2	1주	받아올림이 없는 (두 자리 수)+(두 자리 수) (1)
		2주	받아올림이 없는 (두 자리 수)+(두 자리 수) (2)
		3주	받아올림이 없는 (두 자리 수)+(두 자리 수) (3)
		4주	받아올림이 없는 (두 자리 수)+(두 자리 수) (4)
3	두 자리 수의 덧셈 3	1주	받아올림이 있는 (두 자리 수)+(두 자리 수) (1)
		2주	받아올림이 있는 (두 자리 수)+(두 자리 수) (2)
		3주	받아올림이 있는 (두 자리 수)+(두 자리 수) (3)
		4주	받아올림이 있는 (두 자리 수)+(두 자리 수) (4)
4	두 자리 수의 뺄셈 1	1주	받아내림이 없는 (두 자리 수)−(한 자리 수)
		2주	몇십에서 빼기
		3주	받아내림이 있는 (두 자리 수)−(한 자리 수) (1)
		4주	받아내림이 있는 (두 자리 수)−(한 자리 수) (2)
5	두 자리 수의 뺄셈 2	1주	받아내림이 없는 (두 자리 수)−(두 자리 수) (1)
		2주	받아내림이 없는 (두 자리 수)−(두 자리 수) (2)
		3주	받아내림이 없는 (두 자리 수)−(두 자리 수) (3)
		4주	받아내림이 없는 (두 자리 수)−(두 자리 수) (4)
6	두 자리 수의 뺄셈 3	1주	받아내림이 있는 (두 자리 수)−(두 자리 수) (1)
		2주	받아내림이 있는 (두 자리 수)−(두 자리 수) (2)
		3주	받아내림이 있는 (두 자리 수)−(두 자리 수) (3)
		4주	받아내림이 있는 (두 자리 수)−(두 자리 수) (4)
7	덧셈과 뺄셈의 완성	1주	세 수의 덧셈
		2주	세 수의 뺄셈
		3주	(두 자리 수)+(한 자리 수), (두 자리 수)−(한 자리 수) 종합
		4주	(두 자리 수)+(두 자리 수), (두 자리 수)−(두 자리 수) 종합

초등 2 · 3학년 ①

권	제목	주차별 학습 내용	
1	두 자리 수의 덧셈	1주	받아올림이 있는 (두 자리 수)+(두 자리 수) (1)
		2주	받아올림이 있는 (두 자리 수)+(두 자리 수) (2)
		3주	받아올림이 있는 (두 자리 수)+(두 자리 수) (3)
		4주	받아올림이 있는 (두 자리 수)+(두 자리 수) (4)
2	세 자리 수의 덧셈 1	1주	받아올림이 없는 (세 자리 수)+(두 자리 수)
		2주	받아올림이 있는 (세 자리 수)+(두 자리 수) (1)
		3주	받아올림이 있는 (세 자리 수)+(두 자리 수) (2)
		4주	받아올림이 있는 (세 자리 수)+(두 자리 수) (3)
3	세 자리 수의 덧셈 2	1주	받아올림이 있는 (세 자리 수)+(세 자리 수) (1)
		2주	받아올림이 있는 (세 자리 수)+(세 자리 수) (2)
		3주	받아올림이 있는 (세 자리 수)+(세 자리 수) (3)
		4주	받아올림이 있는 (세 자리 수)+(세 자리 수) (4)
4	두·세 자리 수의 뺄셈	1주	받아내림이 있는 (두 자리 수)−(두 자리 수) (1)
		2주	받아내림이 있는 (두 자리 수)−(두 자리 수) (2)
		3주	받아내림이 있는 (두 자리 수)−(두 자리 수) (3)
		4주	받아내림이 없는 (세 자리 수)−(두 자리 수)
5	세 자리 수의 뺄셈 1	1주	받아내림이 있는 (세 자리 수)−(두 자리 수) (1)
		2주	받아내림이 있는 (세 자리 수)−(두 자리 수) (2)
		3주	받아내림이 있는 (세 자리 수)−(두 자리 수) (3)
		4주	받아내림이 있는 (세 자리 수)−(두 자리 수) (4)
6	세 자리 수의 뺄셈 2	1주	받아내림이 있는 (세 자리 수)−(세 자리 수) (1)
		2주	받아내림이 있는 (세 자리 수)−(세 자리 수) (2)
		3주	받아내림이 있는 (세 자리 수)−(세 자리 수) (3)
		4주	받아내림이 있는 (세 자리 수)−(세 자리 수) (4)
7	덧셈과 뺄셈의 완성	1주	덧셈의 완성 (1)
		2주	덧셈의 완성 (2)
		3주	뺄셈의 완성 (1)
		4주	뺄셈의 완성 (2)

ME 초등 2 · 3학년 ②

권	제목	주차별 학습 내용	
1	곱셈구구	1주	곱셈구구 (1)
		2주	곱셈구구 (2)
		3주	곱셈구구 (3)
		4주	곱셈구구 (4)
2	(두 자리 수)×(한 자리 수) 1	1주	곱셈구구 종합
		2주	(두 자리 수)×(한 자리 수) (1)
		3주	(두 자리 수)×(한 자리 수) (2)
		4주	(두 자리 수)×(한 자리 수) (3)
3	(두 자리 수)×(한 자리 수) 2	1주	(두 자리 수)×(한 자리 수) (1)
		2주	(두 자리 수)×(한 자리 수) (2)
		3주	(두 자리 수)×(한 자리 수) (3)
		4주	(두 자리 수)×(한 자리 수) (4)
4	(세 자리 수)×(한 자리 수)	1주	(세 자리 수)×(한 자리 수) (1)
		2주	(세 자리 수)×(한 자리 수) (2)
		3주	(세 자리 수)×(한 자리 수) (3)
		4주	곱셈 종합
5	(두 자리 수)÷(한 자리 수) 1	1주	나눗셈의 기초 (1)
		2주	나눗셈의 기초 (2)
		3주	나눗셈의 기초 (3)
		4주	(두 자리 수)÷(한 자리 수)
6	(두 자리 수)÷(한 자리 수) 2	1주	(두 자리 수)÷(한 자리 수) (1)
		2주	(두 자리 수)÷(한 자리 수) (2)
		3주	(두 자리 수)÷(한 자리 수) (3)
		4주	(두 자리 수)÷(한 자리 수) (4)
7	(두·세 자리 수)÷(한 자리 수)	1주	(두 자리 수)÷(한 자리 수) (1)
		2주	(두 자리 수)÷(한 자리 수) (2)
		3주	(세 자리 수)÷(한 자리 수) (1)
		4주	(세 자리 수)÷(한 자리 수) (2)

초등 3 · 4학년

권	제목	주차별 학습 내용	
1	(두 자리 수)×(두 자리 수)	1주	(두 자리 수)×(한 자리 수)
		2주	(두 자리 수)×(두 자리 수) (1)
		3주	(두 자리 수)×(두 자리 수) (2)
		4주	(두 자리 수)×(두 자리 수) (3)
2	(두·세 자리 수)×(두 자리 수)	1주	(두 자리 수)×(두 자리 수)
		2주	(세 자리 수)×(두 자리 수) (1)
		3주	(세 자리 수)×(두 자리 수) (2)
		4주	곱셈의 완성
3	(두 자리 수)÷(두 자리 수)	1주	(두 자리 수)÷(두 자리 수) (1)
		2주	(두 자리 수)÷(두 자리 수) (2)
		3주	(두 자리 수)÷(두 자리 수) (3)
		4주	(두 자리 수)÷(두 자리 수) (4)
4	(세 자리 수)÷(두 자리 수)	1주	(세 자리 수)÷(두 자리 수) (1)
		2주	(세 자리 수)÷(두 자리 수) (2)
		3주	(세 자리 수)÷(두 자리 수) (3)
		4주	나눗셈의 완성
5	혼합 계산	1주	혼합 계산 (1)
		2주	혼합 계산 (2)
		3주	혼합 계산 (3)
		4주	곱셈과 나눗셈, 혼합 계산 총정리
6	분수의 덧셈과 뺄셈	1주	분수의 덧셈 (1)
		2주	분수의 덧셈 (2)
		3주	분수의 뺄셈 (1)
		4주	분수의 뺄셈 (2)
7	소수의 덧셈과 뺄셈	1주	분수의 덧셈과 뺄셈
		2주	소수의 기초, 소수의 덧셈과 뺄셈 (1)
		3주	소수의 덧셈과 뺄셈 (2)
		4주	소수의 덧셈과 뺄셈 (3)

주별 학습 내용 MF단계 ❺권

MF단계 5권

혼합 계산 (1)

요일	교재 번호	학습한 날짜	확인
1일차(월)	01~08	월 일	
2일차(화)	09~16	월 일	
3일차(수)	17~24	월 일	
4일차(목)	25~32	월 일	
5일차(금)	33~40	월 일	

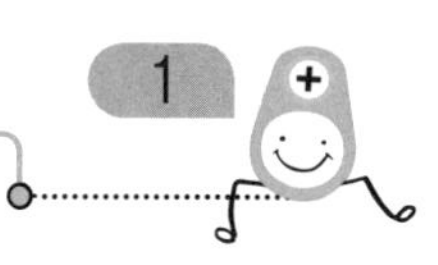

● 계산을 하시오.

(1) $12+8+9=\square$

(2) $8+23+8=$

(3) $45+5+6=$

(4) $43+18+9=$

(5) $25+48+18=$

(6) $59 - 7 - 8 = \square$

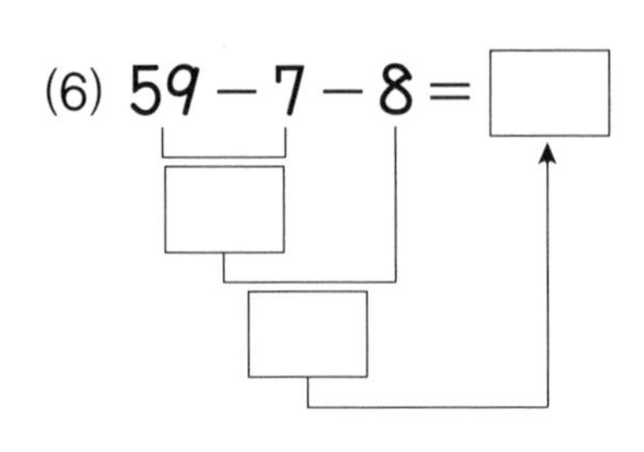

(7) $26 - 5 - 7 =$

(8) $46 - 6 - 4 =$

(9) $51 - 18 - 9 =$

(10) $73 - 48 - 25 =$

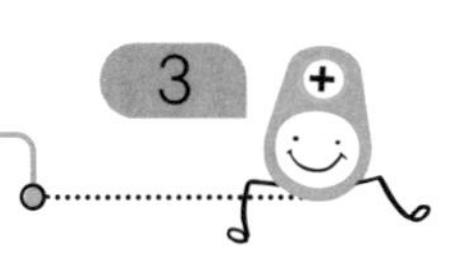

● |보기|와 같이 계산을 하시오.

|보기|

버스에 41명이 타고 있었습니다. 첫째 정류장에서 5명이 더 탔고, 둘째 정류장에서는 타는 사람이 없고 18명이 내렸습니다. 버스에는 몇 명이 타고 있습니까?

$41 + 5 - 18 = \boxed{28}$

① $41 + 5 = \boxed{46}$

② $46 - 18 = \boxed{28}$

(1) $38 + 7 - 25 = \square$

(2) $73 + 5 - 42 = \square$

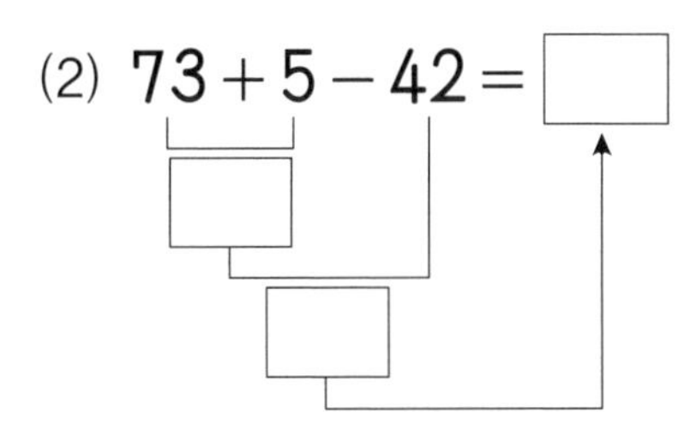

Talk 덧셈과 뺄셈이 섞여 있는 식은 앞에서부터 차례로 계산합니다.

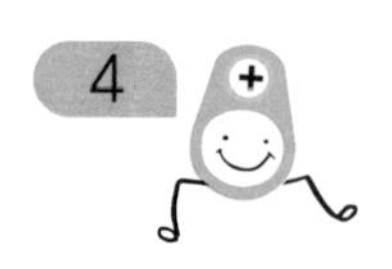
4

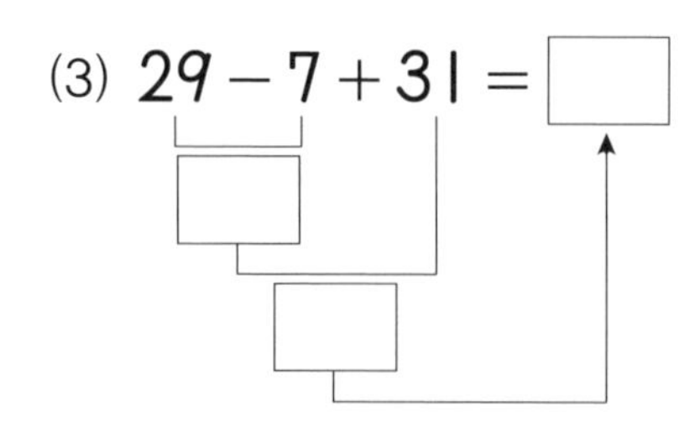
(3) 29 − 7 + 31 =

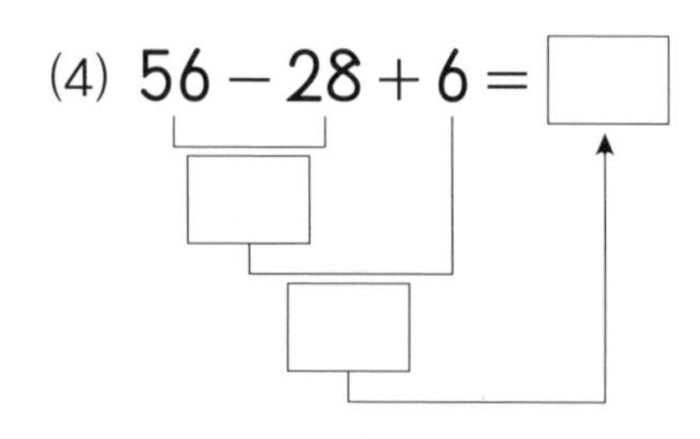
(4) 56 − 28 + 6 =

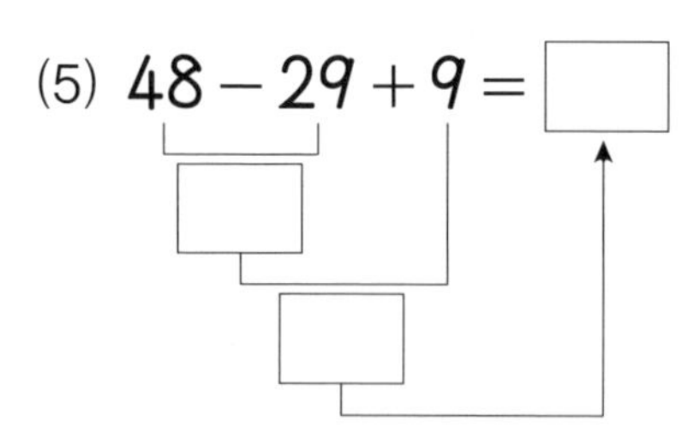
(5) 48 − 29 + 9 =

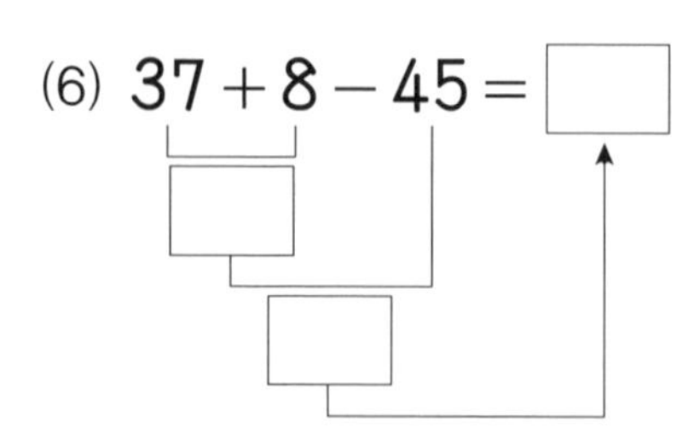
(6) 37 + 8 − 45 =

● 계산을 하시오.

(1) $23+56+21=$

(2) $65+8-73=$

(3) $25+8-13=$

(4) $88-62+7=$

(5) $84-68+3=$

(6) $38-9+23=$

(7) $41+8-39=$

(8) $26-18+15=$

(9) $34+17-49=$

(10) $67-24-26=$

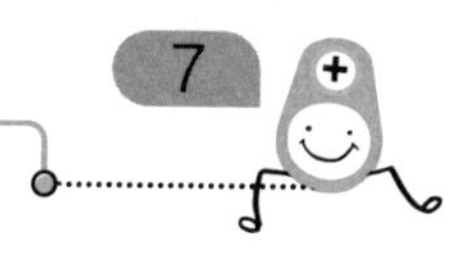

● 계산을 하시오.

(1) $41 + 3 - 35 =$

(2) $64 - 37 + 8 =$

(3) $25 - 17 + 4 =$

(4) $35 + 11 - 43 =$

(5) $49 + 11 - 24 =$

(6) $45-28+17=$

(7) $53+16-48=$

(8) $39-15+2=$

(9) $17+23-36=$

(10) $32-27+23=$

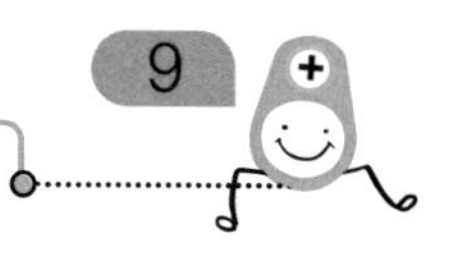

● 계산을 하시오.

(1) $53+7-16=$

(2) $37+4-29=$

(3) $84+5-65=$

(4) $59-38+9=$

(5) $57-29+6=$

(6) $47+25-54=$

(7) $73+4-39=$

(8) $42-34+6=$

(9) $35-27+31=$

(10) $29-18+12=$

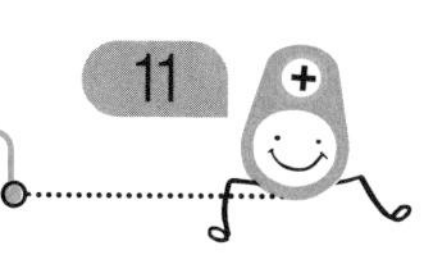

● 계산을 하시오.

(1) $24+6-29=$

(2) $57-38+15=$

★(3) $11+19+27-47=$

(4) $37+5-18-23=$

(5) $49+21-36+14=$

(6) $40 - 16 + 2 =$

(7) $68 + 13 - 49 =$

(8) $48 + 7 + 21 - 62 =$

(9) $53 - 49 + 21 + 25 =$

(10) $25 - 16 - 6 + 34 =$

● |보기|와 같이 계산을 하시오.

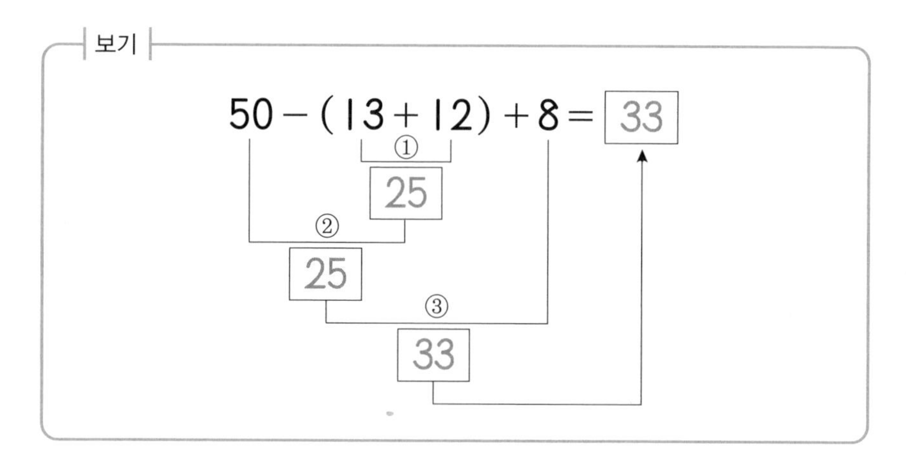

(1) $48 - (32 + 9) + 15 = \square$

(2) $76 - (28 + 31) - 8 = \square$

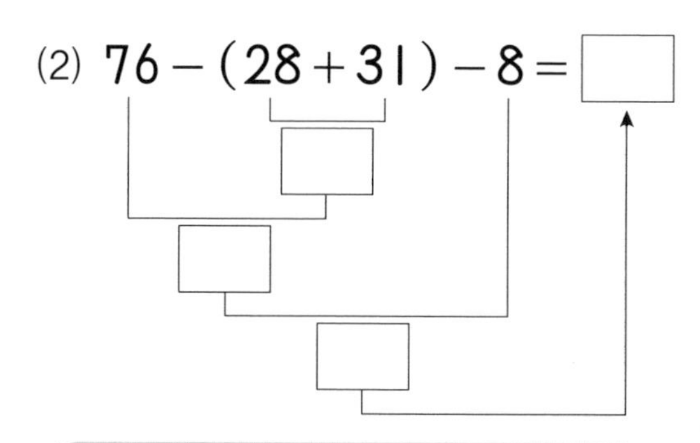

Talk ( )가 있는 식은 ( ) 안을 먼저 계산합니다.

(3) $68-(35-26)+11=\square$

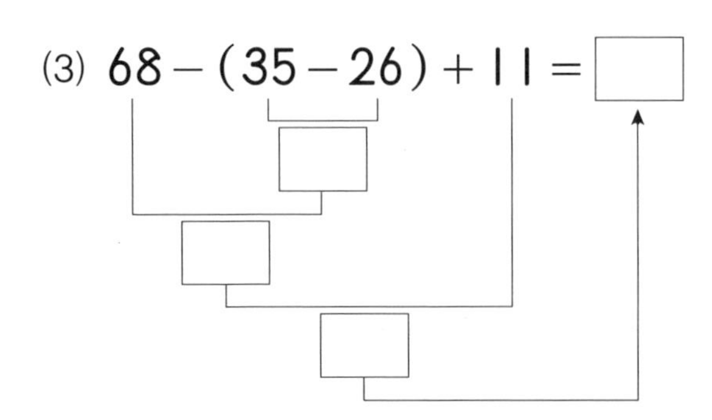

(4) $97-(42+36)-19=\square$

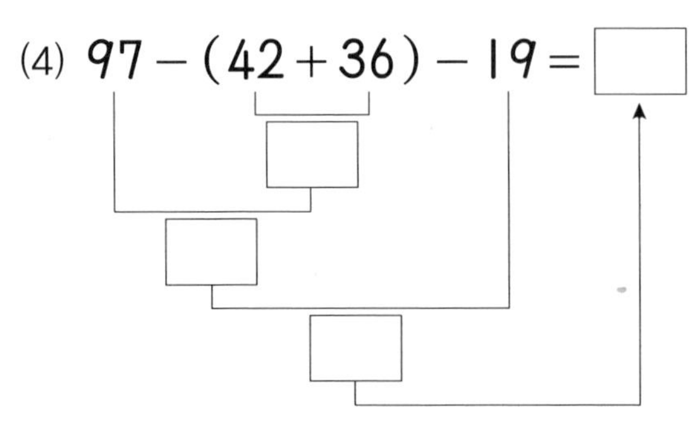

(5) $37+(36-28)-43=\square$

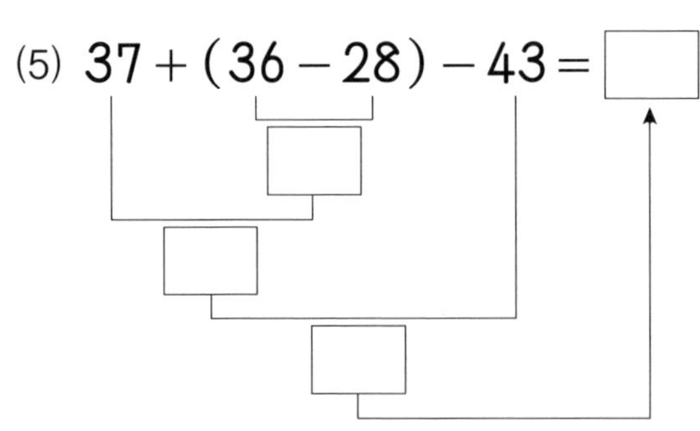

(6) $46+(32+18)-28=\square$

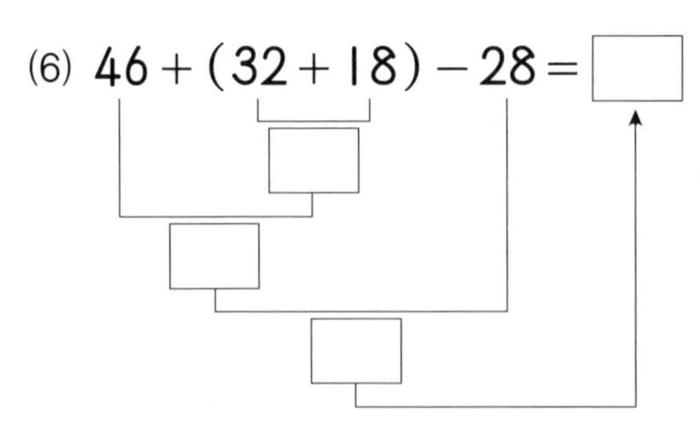

● 계산을 하시오.

(1) $69-(6+32)=$

(2) $50-(26+14)=$

(3) $56-(23+9)+12=$

(4) $82-(11+34)-24=$

★(5) $77+23-(54+37)=$

(6) $47 + (24 - 15) - 32 =$

(7) $41 + (36 - 28) - 11 =$

(8) $83 - (23 + 54) - 6 =$

(9) $27 + 3 - (66 - 45) =$

(10) $64 - 25 - (13 + 21) =$

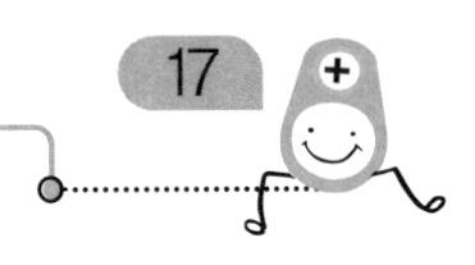

● 계산을 하시오.

(1) $48-(9+36)+37=$

(2) $64-(41+18)-5=$

(3) $73-(39-19)+37=$

(4) $14+(17+9)-16=$

(5) $7+24-(64-39)=$

(6) $75-(17+23)-32=$

(7) $69-(40+15)+46=$

(8) $16+(52-25)+7=$

(9) $89-33+(16+21)=$

(10) $48-16-(8+24)=$

● 계산을 하시오.

(1) $21+(43-24)+5=$

(2) $15+(61-46)-26=$

(3) $55-(13+21)-18=$

(4) $64-(41+23)+34=$

(5) $44+25-(65-57)=$

(6) $29+32-36+24=$

(7) $29+32-(36+24)=$

(8) $63-(26+7)+31=$

(9) $56-(23+21)-12=$

(10) $28+15-(66-33)=$

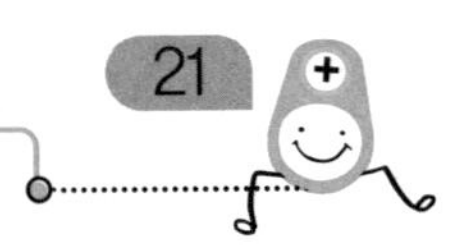

● 계산을 하시오.

(1) $59-13+46+8=$

(2) $59-(13+46)+8=$

(3) $43-(48-24)+35=$

(4) $62+(54-23)-43=$

(5) $24+31-(43-18)=$

(6) $84-4-14+23=$

(7) $84-4-(14+23)=$

(8) $74-32+25+13=$

(9) $74-(32+25)+13=$

(10) $28+13-(38-29)=$

● 계산을 하시오.

(1) $42+56-34-18=$

(2) $42+(56-34)-18=$

(3) $81-33+28-12=$

(4) $81-(33+28)-12=$

(5) $63-34+(15-9)=$

(6) $98-41-25+32=$

(7) $98-41-(25+32)=$

(8) $56-(28+16)+40=$

(9) $48+9-(25-18)=$

(10) $66+(34-28)-52=$

● 계산을 하시오.

(1) $57 - 26 + 29 + 10 =$

(2) $57 - (26 + 29) + 10 =$

(3) $25 + 14 - (28 + 11) =$

(4) $67 - (38 - 24) - 19 =$

(5) $63 + (29 - 17) - 5 =$

(6) $51-16+21+7=$

(7) $51-(16+21)+7=$

(8) $64+(46-22)+11=$

(9) $81-36+13-19=$

(10) $81-(36+13)-19=$

● |보기|와 같이 계산을 하시오.

|보기|

12개씩 들어 있는 초콜릿 3상자를 선물받았습니다. 동생과 나눠 먹는다면 초콜릿을 몇 개씩 먹을 수 있습니까?

$12 \times 3 \div 2 = \boxed{18}$

① $12 \times 3 = \boxed{36}$

② $36 \div 2 = \boxed{18}$

(1) $12 \times 4 \div 8 = \square$

(2) $72 \div 8 \times 3 = \square$

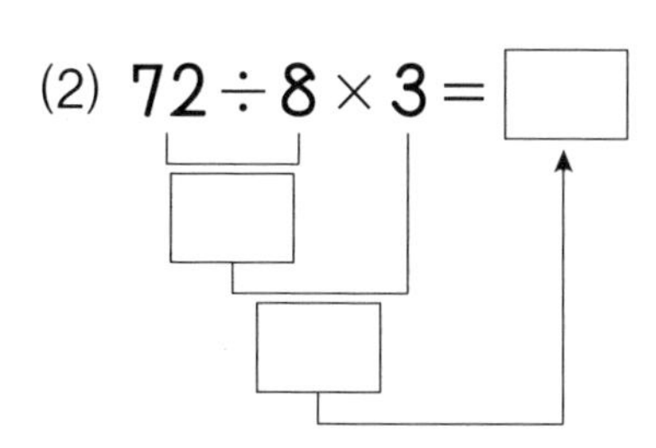

Talk 곱셈과 나눗셈이 섞여 있는 식은 앞에서부터 차례로 계산합니다.

(3) $63 \div 9 \times 4 = \square$

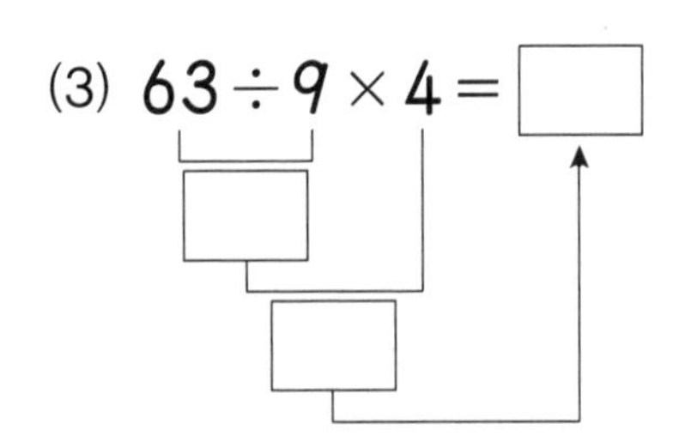

(4) $18 \times 5 \div 6 = \square$

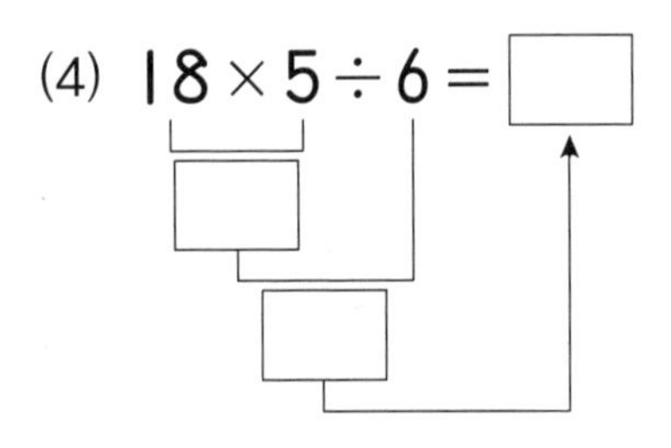

(5) $77 \div 7 \times 8 = \square$

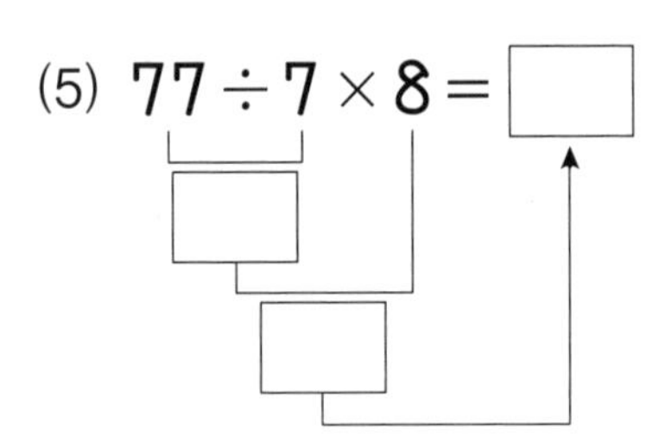

(6) $16 \times 4 \div 8 = \square$

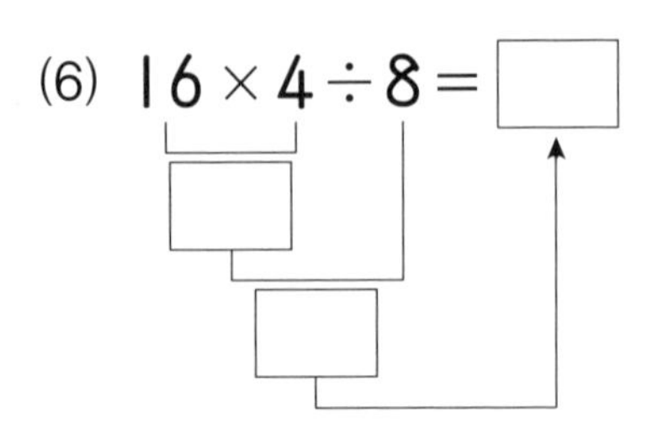

● 계산을 하시오.

(1) $15 \times 4 \div 6 =$

(2) $18 \times 3 \div 9 =$

(3) $12 \times 8 \div 16 =$

(4) $48 \div 8 \times 3 =$

(5) $88 \div 4 \times 3 =$

(6) $42 \times 5 \div 7 =$

(7) $24 \times 6 \div 12 =$

(8) $25 \div 5 \times 6 =$

(9) $45 \div 9 \times 25 =$

(10) $96 \div 6 \times 4 =$

● 계산을 하시오.

(1) $40 \times 2 \div 8 =$

(2) $42 \div 14 \times 12 =$

★(3) $9 \times 5 \times 2 \div 30 =$

(4) $56 \div 7 \times 2 \times 3 =$

(5) $250 \div 10 \div 25 \times 3 =$

(6) $9 \times 8 \div 24 =$

(7) $64 \div 8 \times 10 =$

(8) $52 \div 13 \times 14 =$

(9) $22 \times 4 \div 11 \div 2 =$

(10) $24 \times 5 \div 20 \times 3 =$

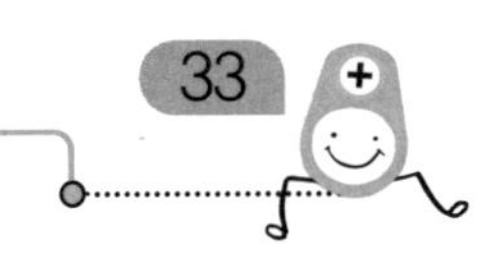

● 계산을 하시오.

(1) $6 \times 11 \div 3 =$

(2) $7 \times 8 \div 28 =$

(3) $48 \div 12 \times 4 =$

(4) $5 \times 4 \times 4 \div 8 =$

(5) $72 \div 12 \times 4 \div 2 =$

(6) $72 \div 18 \times 3 =$

(7) $8 \times 5 \div 10 =$

(8) $75 \div 3 \div 5 \times 2 =$

(9) $4 \times 12 \times 2 \div 24 =$

(10) $15 \times 6 \div 9 \times 5 =$

● |보기|와 같이 계산을 하시오.

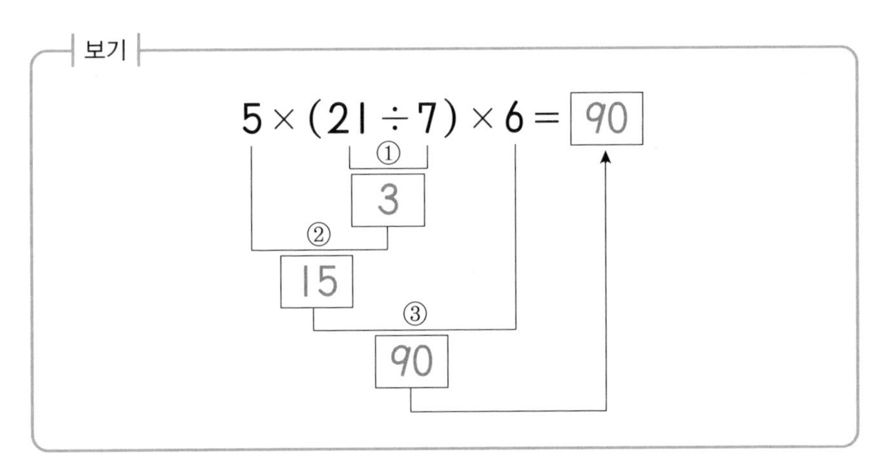

(1) $12 \times (27 \div 9) \times 2 =$ □

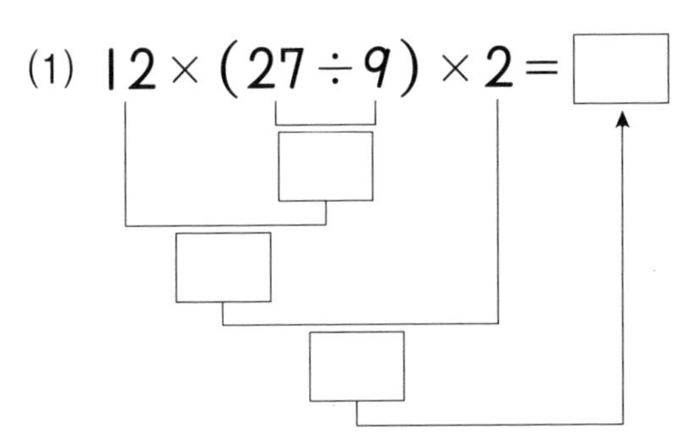

(2) $64 \div (32 \div 8) \times 3 =$ □

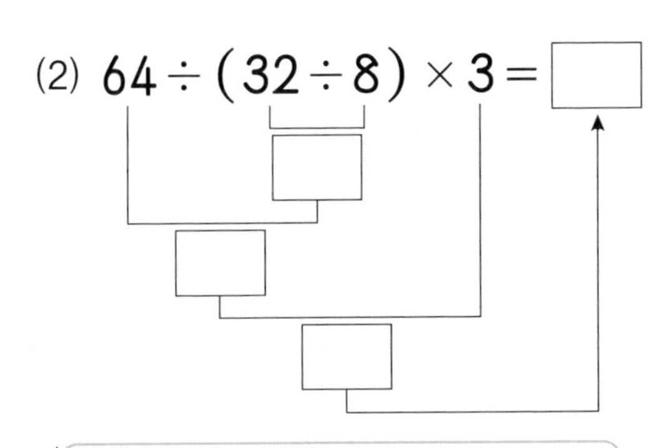

Talk ( )가 있는 식은 ( ) 안을 먼저 계산합니다.

(3) $48 \times (8 \div 4) \div 6 = \square$

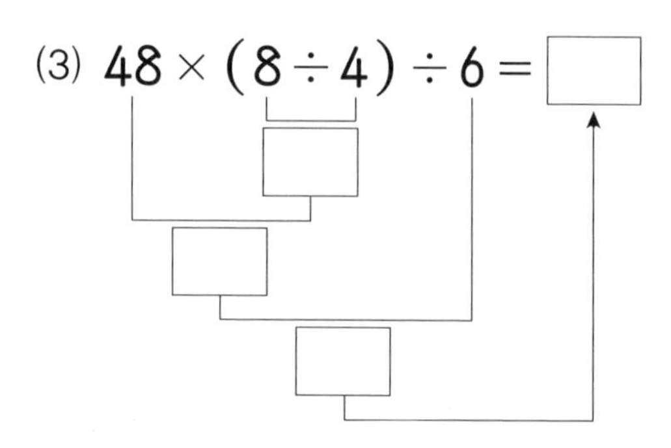

(4) $56 \div (4 \times 2) \times 5 = \square$

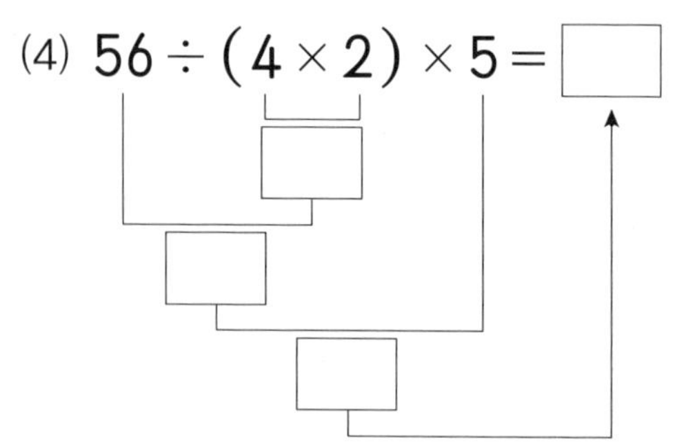

(5) $50 \div (2 \times 5) \div 5 = \square$

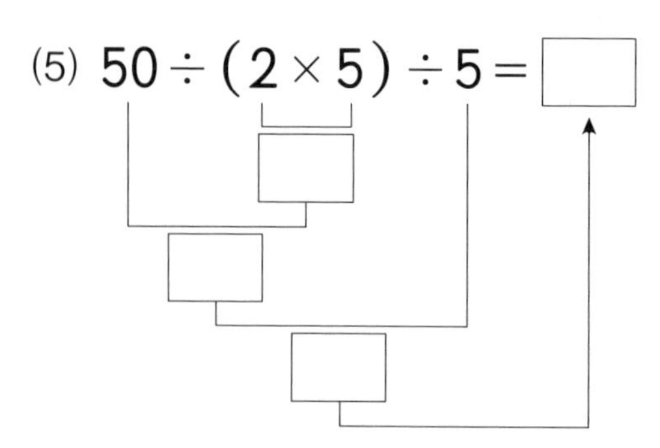

(6) $9 \times (2 \times 10) \div 3 = \square$

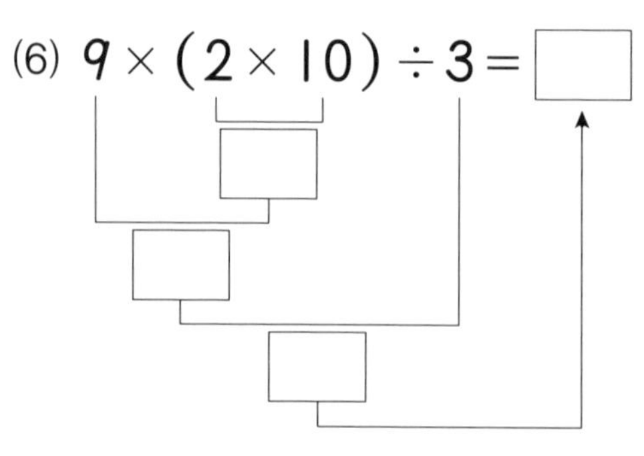

● 계산을 하시오.

(1) $48 \div (12 \times 4) =$

(2) $11 \times (36 \div 4) =$

(3) $40 \div (32 \div 4) \times 2 =$

(4) $72 \div (4 \times 3) \times 6 =$

(5) $3 \times (21 \div 7) \times 3 =$

(6) $45 \div (5 \times 3) \times 4 =$

(7) $8 \times (18 \div 9) \div 4 =$

(8) $70 \div (2 \times 5) \div 7 =$

★(9) $64 \div 8 \times (12 \div 3) =$

(10) $12 \times 2 \div (6 \div 3) =$

● 계산을 하시오.

(1) $15 \times (16 \div 8) \times 3 =$

(2) $5 \times (24 \div 6) \div 4 =$

(3) $60 \div (4 \times 5) \div 3 =$

(4) $32 \div (28 \div 7) \times 2 =$

(5) $35 \div 7 \times (15 \div 5) =$

(6) $12 \times 8 \div (4 \times 6) =$

(7) $32 \div (2 \times 8) \times 5 =$

(8) $5 \times 4 \times (35 \div 7) =$

(9) $4 \times 9 \div (48 \div 8) =$

(10) $120 \div 4 \div (3 \times 5) =$

혼합 계산 (2)

요일	교재 번호	학습한 날짜	확인
1일차(월)	01~08	월 일	
2일차(화)	09~16	월 일	
3일차(수)	17~24	월 일	
4일차(목)	25~32	월 일	
5일차(금)	33~40	월 일	

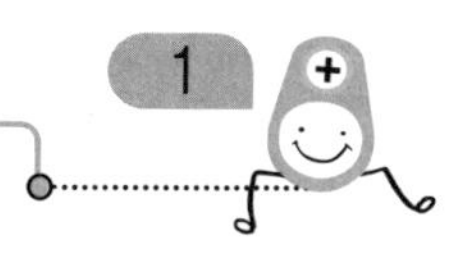

● 계산을 하시오.

(1) $65-4+17=$

(2) $39-8+21+33=$

(3) $24+42-25-18=$

(4) $24+42-(25-18)=$

(5) $59-(46-27)+21=$

(6) $84 \div 6 \times 5 =$

(7) $12 \times 4 \div 8 \div 3 =$

(8) $14 \times 6 \div 7 \times 2 =$

(9) $14 \times 6 \div (7 \times 2) =$

(10) $12 \div (72 \div 6) \times 2 =$

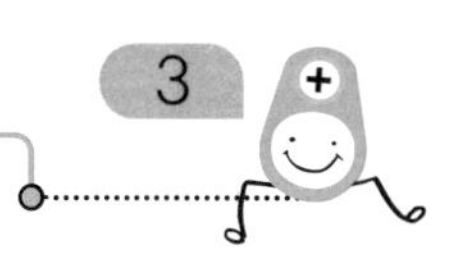

● |보기|와 같이 계산을 하시오.

|보기|

사탕이 13개 있었습니다. 어제 아빠가 한 봉지에 8개씩 들어 있는 사탕 4봉지를 사오셨고, 오늘 5개를 먹었습니다. 남아 있는 사탕은 몇 개입니까?

$13+8\times4-5=$ 40

① $8\times4=32$

② $13+32=45$

③ $45-5=40$

(1) $34+2\times2-13=$ ☐

(2) $70-15\times3+15=$ ☐

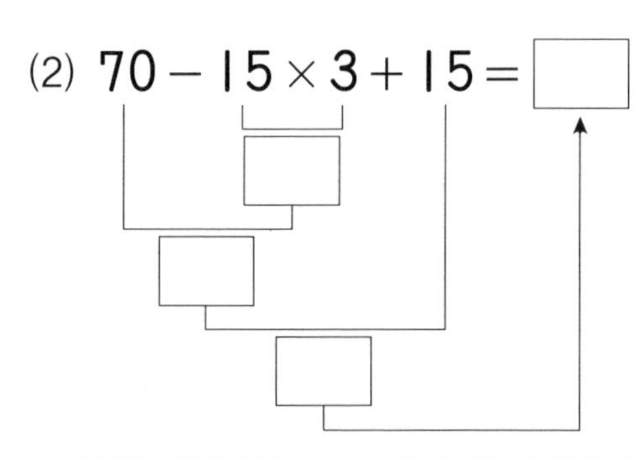

Talk 덧셈, 뺄셈, 곱셈이 섞여 있는 식은 곱셈을 먼저 계산합니다.

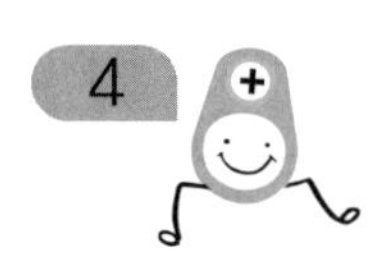

(3) $58-13\times3+21=\square$

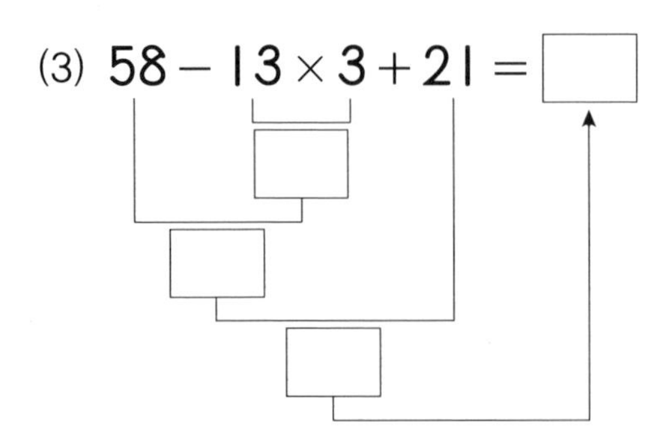

(4) $94-7\times9-21=\square$

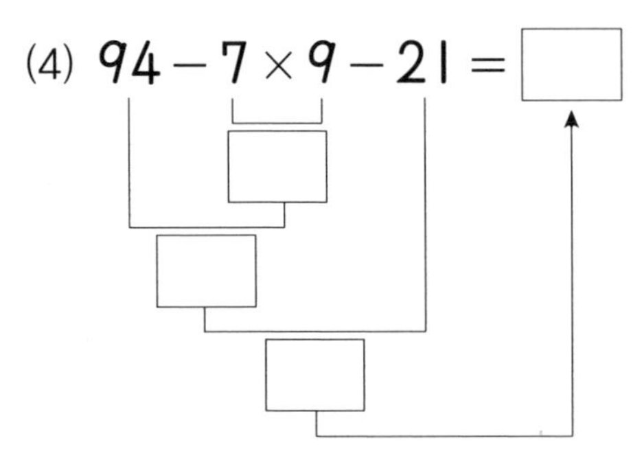

(5) $15\times2+16-45=\square$

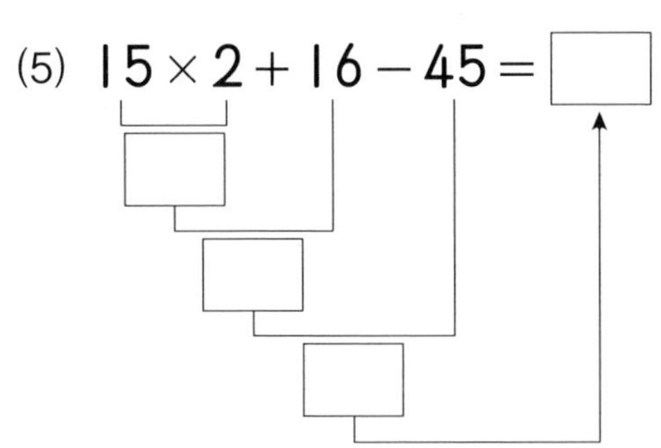

(6) $14\times2-25+12=\square$

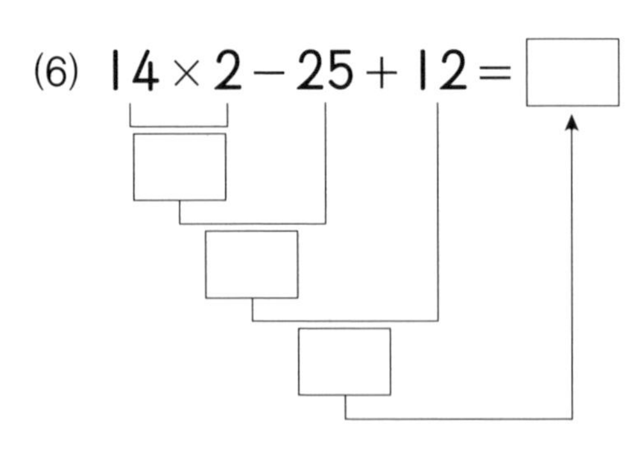

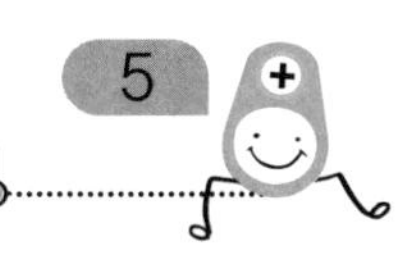

● 계산을 하시오.

(1) $6+11\times3-18=$

(2) $14+2\times13-36=$

(3) $3\times12-32+6=$

★(4) $53+27-8\times9=$

(5) $26+24-7\times7=$

(6) $66 - 7 \times 8 + 4 =$

(7) $3 \times 7 + 9 - 18 =$

(8) $6 \times 3 + 28 - 31 =$

(9) $84 - 49 + 7 \times 5 =$

(10) $36 - 15 + 3 \times 4 =$

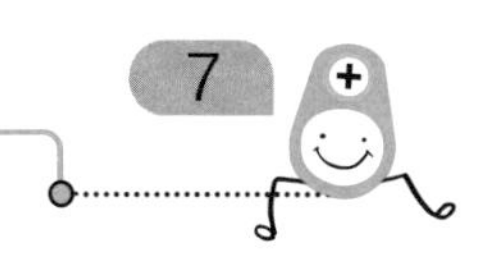

● 계산을 하시오.

(1) $12+6\times5-32=$

(2) $16+8\times8-76=$

(3) $8\times4-22+8=$

(4) $7\times9-42+9=$

(5) $32+13-5\times7=$

(6) $46-6\times7+15=$

(7) $40-8\times4+12=$

(8) $5\times12+15-69=$

(9) $56-48+9\times3=$

(10) $31-29+2\times9=$

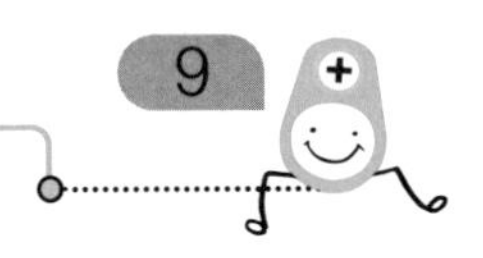

● 계산을 하시오.

(1) $13+12\times2-35=$

(2) $24+7\times8-65=$

(3) $9\times4-32+16=$

(4) $7\times4-25+97=$

(5) $34-26+3\times8=$

(6) $70 - 7 \times 8 + 35 =$

(7) $58 - 12 \times 4 + 24 =$

(8) $7 \times 2 + 16 - 28 =$

(9) $18 + 19 - 12 \times 3 =$

(10) $12 + 5 - 3 \times 5 =$

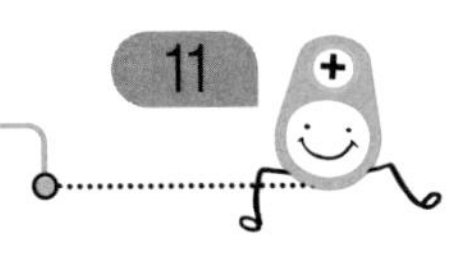

● 계산을 하시오.

(1) $34+12-4\times4=$

(2) $11+7\times7-56=$

(3) $59-12\times4+15=$

(4) $6\times9+24-48=$

(5) $8+8\times5-37=$

(6) $8 \times 8 + 36 - 96 =$

(7) $38 - 13 + 12 \times 2 =$

(8) $44 - 6 \times 7 + 13 =$

(9) $8 \times 9 - 70 + 41 =$

(10) $48 + 36 - 25 \times 2 =$

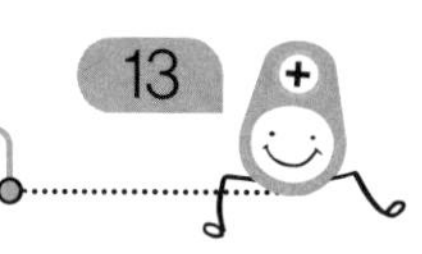

● 계산을 하시오.

(1) $52-6\times8+14=$

(2) $12+7\times4-38=$

(3) $13\times2+15-31=$

(4) $24-18+8\times3=$

(5) $14\times5-8\times8=$

(6) $11+7\times7-46=$

(7) $42-6\times6+13=$

(8) $17+19-4\times8=$

(9) $53-39+3\times7=$

(10) $9\times4-27+11=$

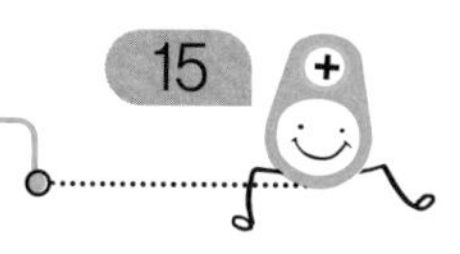

● 계산을 하시오.

(1) $3 \times 7 + 12 - 32 =$

(2) $35 + 12 - 9 \times 5 =$

(3) $12 + 14 \times 5 - 18 =$

(4) $42 - 38 + 2 \times 8 =$

(5) $12 \times 8 - 14 \times 4 =$

(6) $17+23-5\times3=$

(7) $62-7\times7+13=$

(8) $17+4\times8-48=$

(9) $3\times8-16+11=$

(10) $32-14+2\times8=$

● 계산을 하시오.

(1) $16+3\times5-28=$

(2) $6\times3-15+14=$

(3) $66-8\times8+24=$

(4) $2\times14+21-48=$

(5) $48-27+3\times7=$

(6) $12+4\times7-36=$

(7) $45-36+6\times5=$

(8) $8\times7+15-69=$

(9) $37+18-9\times5=$

(10) $13\times3-4\times8=$

● |보기|와 같이 계산을 하시오.

|보기|

어제 포장한 색연필이 13상자 있습니다. 오늘 색연필 28개를 한 상자에 4개씩 담아 포장한 후 15상자를 친구들에게 주었습니다. 남은 색연필은 몇 상자입니까?

$13 + 28 \div 4 - 15 = \boxed{5}$

① $28 \div 4 = \boxed{7}$

② $13 + 7 = \boxed{20}$

③ $20 - 15 = \boxed{5}$

(1) $34 + 24 \div 4 - 28 = \square$

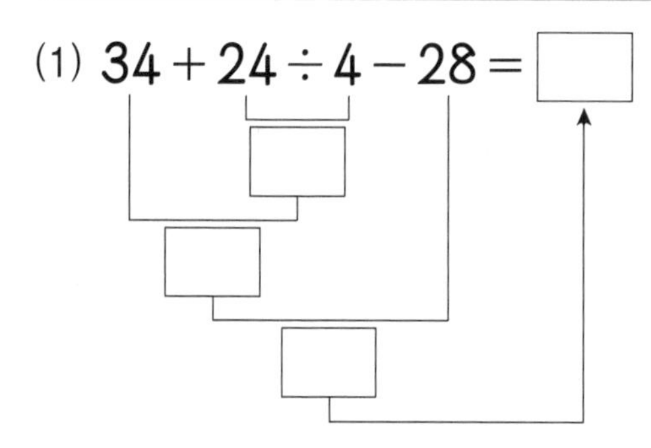

(2) $59 - 56 \div 7 + 3 = \square$

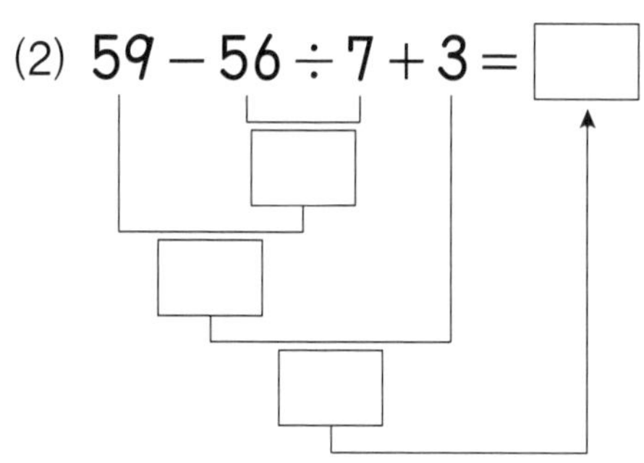

Talk 덧셈, 뺄셈, 나눗셈이 섞여 있는 식은 나눗셈을 먼저 계산합니다.

(3) $20 - 64 \div 4 + 8 = \square$

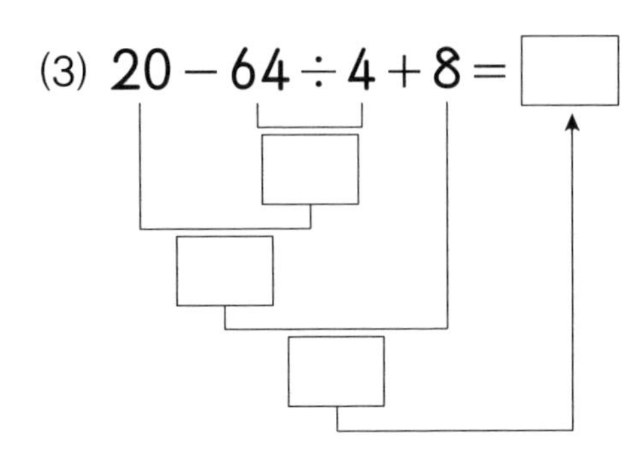

(4) $81 - 18 \div 3 - 21 = \square$

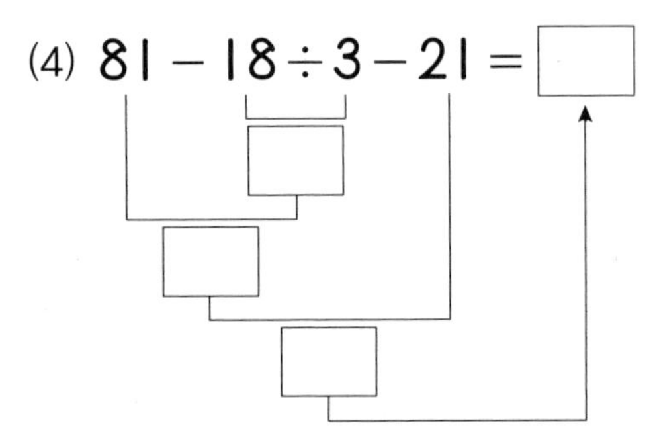

(5) $36 \div 3 + 8 - 15 = \square$

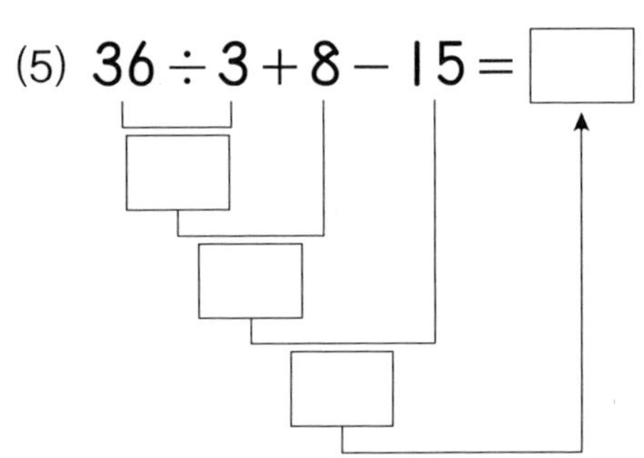

(6) $72 \div 6 - 8 + 4 = \square$

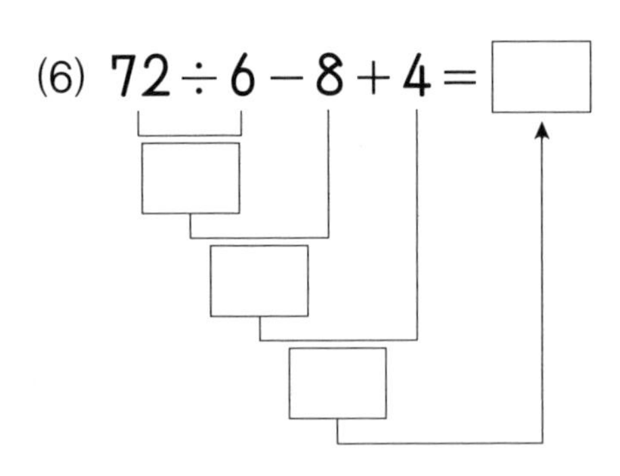

● 계산을 하시오.

(1) $15 + 28 \div 7 - 18 =$

(2) $21 + 69 \div 3 - 14 =$

(3) $76 \div 4 - 14 + 2 =$

(4) $34 \div 2 - 15 + 14 =$

★(5) $24 + 12 - 36 \div 6 =$

(6) $30-81\div3+22=$

(7) $28-32\div8+10=$

(8) $48\div2+11-34=$

(9) $31-22+36\div3=$

(10) $46-14+24\div3=$

● 계산을 하시오.

(1) $21+54\div6-29=$

(2) $39\div3-12+34=$

(3) $45\div5-5+12=$

(4) $13+23-48\div8=$

(5) $55+12-72\div4=$

(6) $32-34\div 2+11=$

(7) $21-72\div 8+12=$

(8) $48\div 4+16-25=$

(9) $56\div 8+33-29=$

(10) $25-18+26\div 2=$

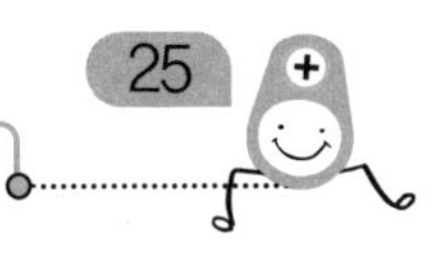

● 계산을 하시오.

(1) $23+21\div3-15=$

(2) $15+35\div7-16=$

(3) $65\div5-6+10=$

(4) $56\div2-11+21=$

(5) $51-34+78\div6=$

(6) $26 - 39 \div 13 + 14 =$

(7) $58 - 49 \div 7 + 29 =$

(8) $84 \div 7 + 23 - 18 =$

(9) $13 + 21 - 16 \div 4 =$

(10) $15 + 6 - 84 \div 4 =$

● 계산을 하시오.

(1) $23+12-76\div19=$

(2) $13+70\div14-18=$

(3) $84\div3-12+21=$

(4) $23-18+45\div3=$

(5) $36\div2-15+26=$

(6) $43 - 48 \div 8 + 13 =$

(7) $53 - 38 + 38 \div 2 =$

(8) $24 - 54 \div 9 + 13 =$

(9) $54 \div 18 + 31 - 26 =$

(10) $23 + 16 - 85 \div 5 =$

● 계산을 하시오.

(1) $24 - 34 \div 2 + 33 =$

(2) $43 + 70 \div 7 - 48 =$

(3) $37 - 25 + 68 \div 4 =$

(4) $45 \div 9 + 16 - 17 =$

(5) $72 \div 4 - 38 \div 19 =$

(6) $24+36\div6-15=$

(7) $32-96\div8+14=$

(8) $18+15-35\div5=$

(9) $48-9+91\div13=$

(10) $54\div9+5-11=$

● 계산을 하시오.

(1) $17+12-72\div9=$

(2) $48\div2-15-9=$

(3) $19+33\div3-11=$

(4) $21-65\div5+26=$

(5) $35-18+40\div8=$

(6) $26+13-80\div16=$

(7) $27\div3+12-21=$

(8) $12+68\div2-14=$

(9) $87\div3-15+8=$

(10) $54\div3-96\div8=$

● 계산을 하시오.

(1) $15+42\div7-18=$

(2) $29+31-68\div4=$

(3) $81\div3+15-41=$

(4) $41-38+95\div5=$

(5) $54\div6-6+15=$

(6) $18 - 9 + 72 \div 3 =$

(7) $28 - 36 \div 9 + 12 =$

(8) $7 + 48 \div 2 - 21 =$

(9) $38 \div 2 + 11 - 17 =$

(10) $68 \div 17 - 18 \div 6 =$

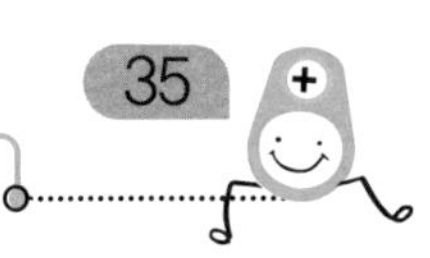

● 보기 와 같이 계산을 하시오.

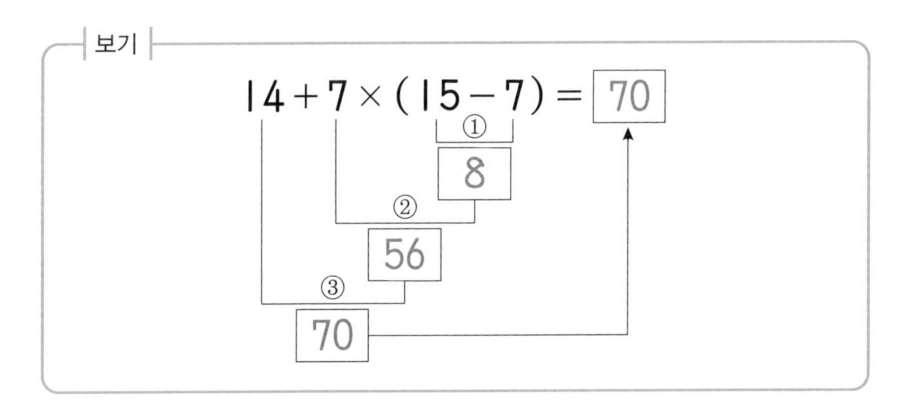

(1) $23 + 3 \times (18 - 9) = \square$

(2) $58 - 2 \times (3 + 21) = \square$

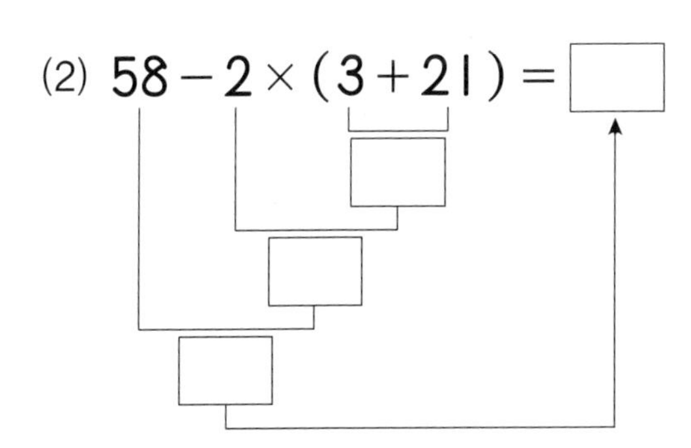

Talk ( )가 있는 식은 ( ) 안을 먼저 계산합니다.

36

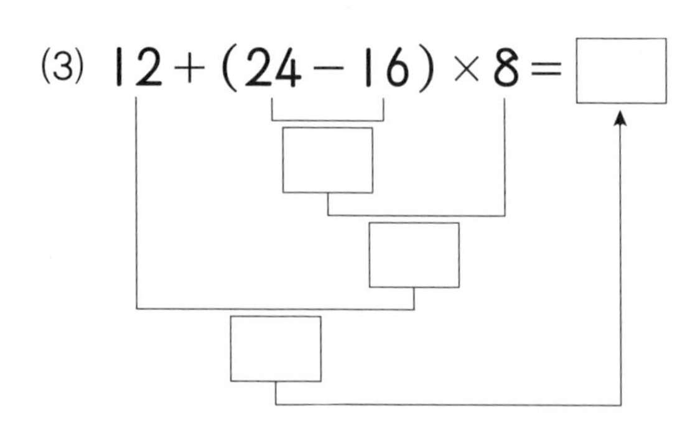
(3) 12 + (24 − 16) × 8 =

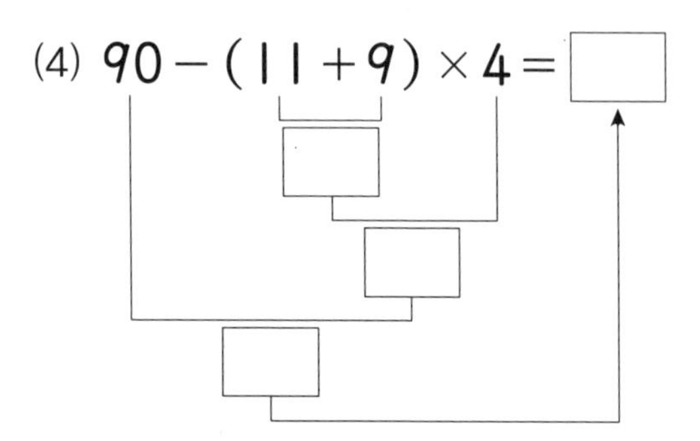
(4) 90 − (11 + 9) × 4 =

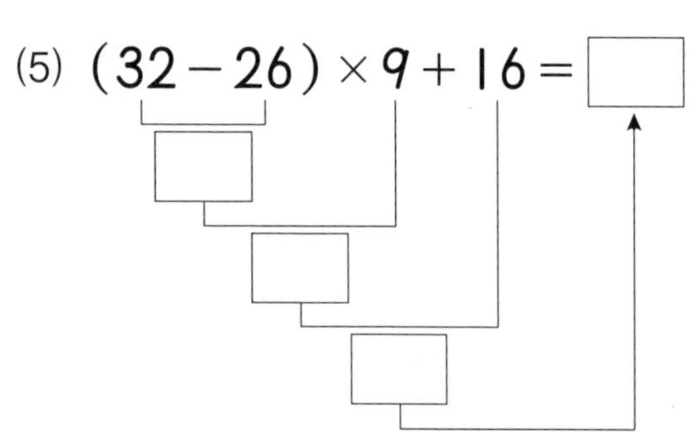
(5) (32 − 26) × 9 + 16 =

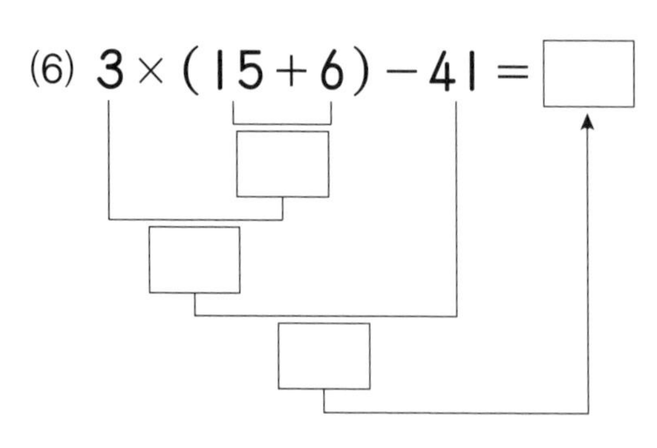
(6) 3 × (15 + 6) − 41 =

● |보기|와 같이 계산을 하시오.

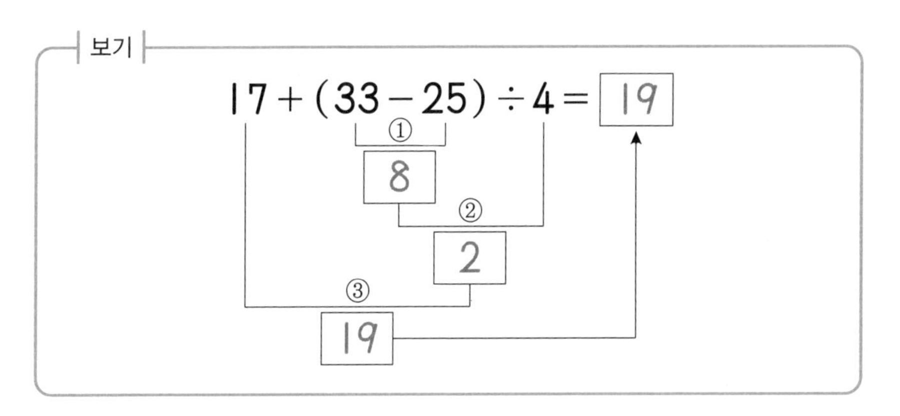

(1) $48+(13-9)\div 2=$ ☐

(2) $36-(23+25)\div 8=$ ☐

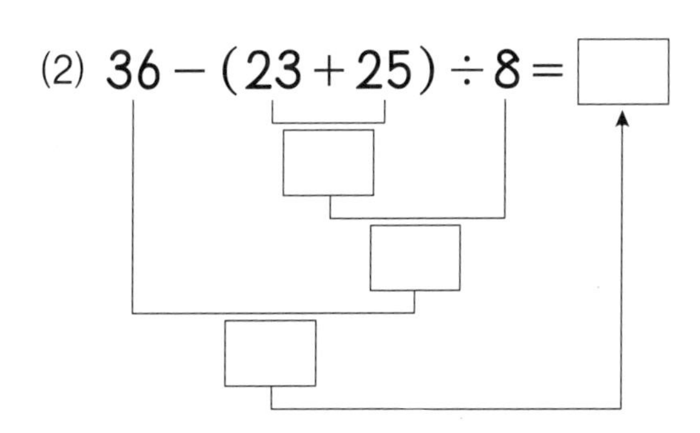

38

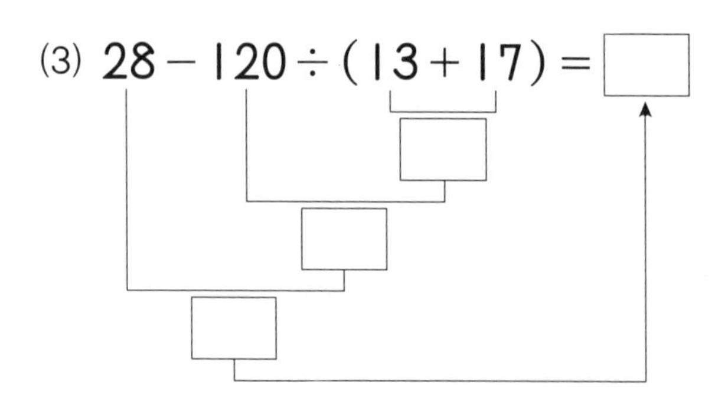
(3) 28 − 120 ÷ (13 + 17) =

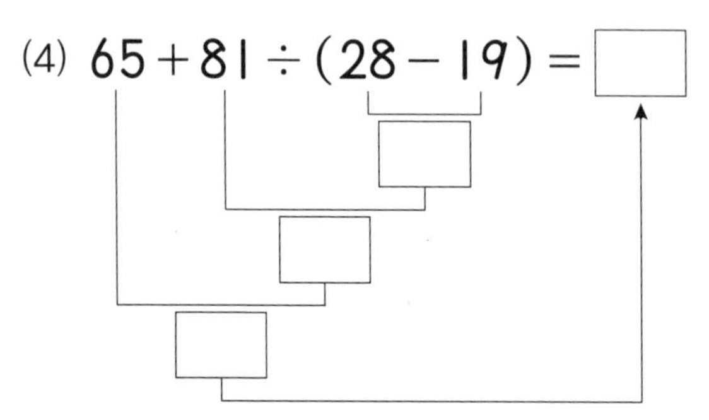
(4) 65 + 81 ÷ (28 − 19) =

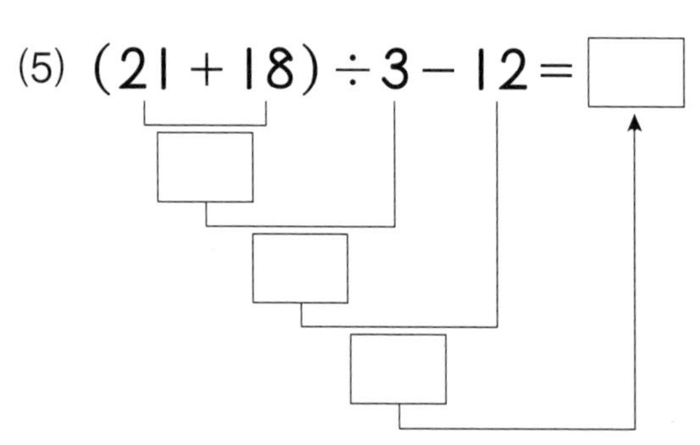
(5) (21 + 18) ÷ 3 − 12 =

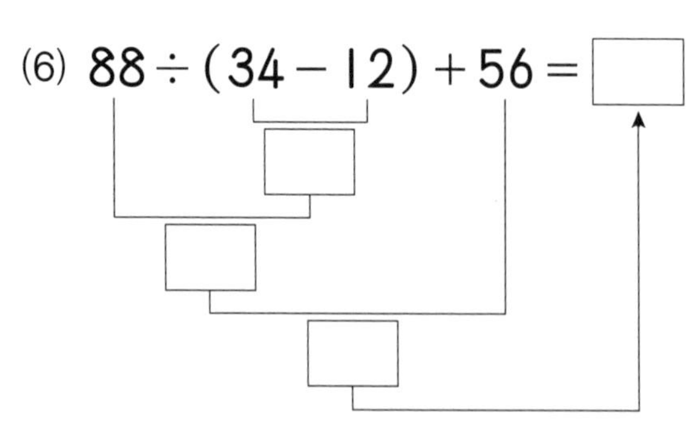
(6) 88 ÷ (34 − 12) + 56 =

● 계산을 하시오.

(1) $12 \times (23 - 17) + 8 =$

(2) $98 - (13 + 2) \times 6 =$

(3) $24 + 3 \times (15 - 8) =$

(4) $56 \div (17 - 9) + 23 =$

(5) $34 - (6 + 21) \div 3 =$

(6) $35-(15+9)\div4=$

(7) $(31-23)\div2+16=$

(8) $72-(13+8)\times3=$

(9) $2\times(11+15)-51=$

(10) $120\div(7+5)-3=$

혼합 계산 (3)

요일	교재 번호	학습한 날짜	확인
1일차(월)	01~08	월 일	
2일차(화)	09~16	월 일	
3일차(수)	17~24	월 일	
4일차(목)	25~32	월 일	
5일차(금)	33~40	월 일	

● 계산을 하시오.

(1) $23+3\times2-28=$

(2) $82-12\times5+8=$

(3) $6\times3-15+29=$

(4) $15+16\div8-14=$

(5) $43+25-84\div2=$

(6) $38 - 90 \div 5 + 16 =$

(7) $68 \div 4 + 23 - 30 =$

(8) $21 + (82 - 74) \times 4 =$

(9) $85 - 4 \times (8 + 13) =$

(10) $51 \div (12 + 5) - 3 =$

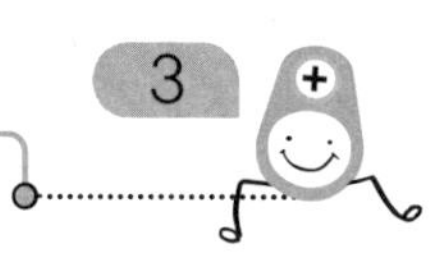

● |보기|와 같이 계산을 하시오.

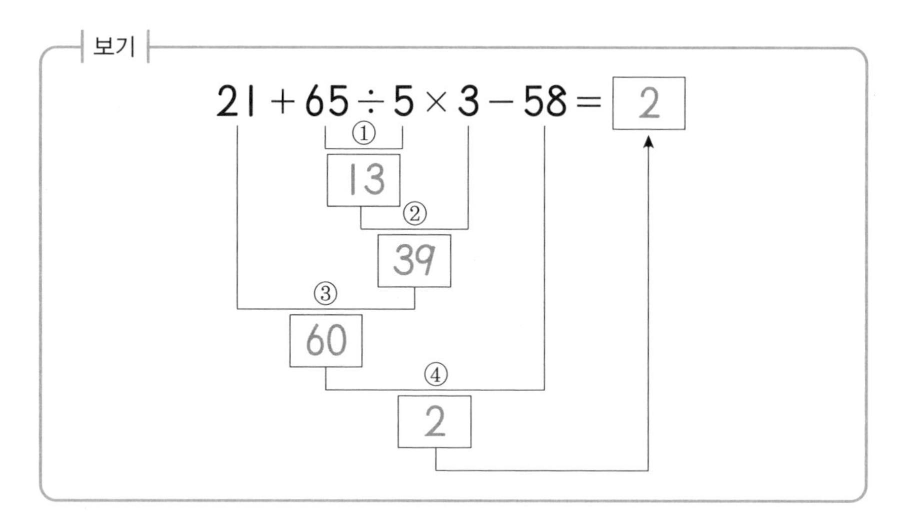

(1) $22 + 72 \div 6 \times 4 - 64 =$

(2) $50 - 72 \div 8 \times 5 + 26 =$

(3) $14 + 4 \times 9 \div 6 - 20 =$

덧셈, 뺄셈, 곱셈, 나눗셈이 섞여 있는 식은 곱셈이나 나눗셈을 먼저 계산하고, 그 다음 덧셈, 뺄셈, 곱셈(또는 나눗셈)이 있으면 곱셈(또는 나눗셈)을 계산합니다.

(4) $42-15\times5\div3+18=$

★(5) $4\times8+14-81\div3=$

(6) $57\div3-12+20\times4=$

(7) $22-38\div2+6\times8=$

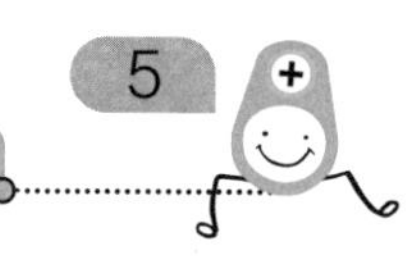

● 계산을 하시오.

(1) $12+42\div3\times2-39=$

(2) $54+16\times3\div8-60=$

(3) $4\times9\div6+47-11=$

(4) $63\div9+33-6\times2=$

(5) $75 - 45 \div 5 \times 8 + 30 =$

(6) $78 \div 6 + 27 - 6 \times 3 =$

(7) $72 \div 2 - 4 \times 8 + 36 =$

(8) $68 - 24 + 49 \div 7 \times 8 =$

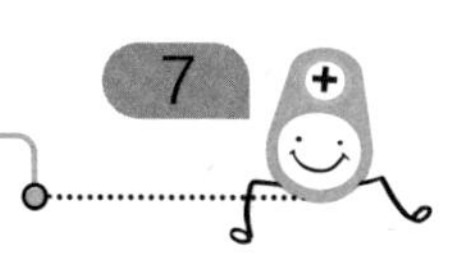

● |보기|와 같이 계산을 하시오.

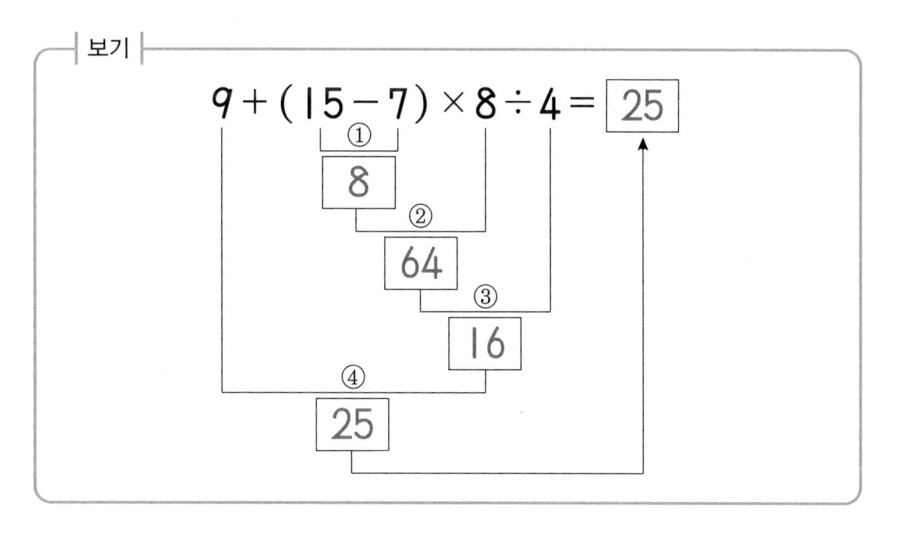

(1) $20 + (30 - 8) \times 4 \div 8 =$

(2) $13 + 34 \div (33 - 16) \times 21 =$

(3) $3 \times (8 + 4) \div 9 - 4 =$

Talk 덧셈, 뺄셈, 곱셈, 나눗셈, (   )가 있는 식은 (   ) 안을 먼저 계산하고, 그 다음 곱셈(또는 나눗셈)을 계산합니다.

(4) $48 \div (13-7) \times 4 + 8 =$

(5) $(23-15) \div 2 \times 12 + 23 =$

★(6) $7 \times 8 \div 14 - (21-18) =$

(7) $45 \div 9 \times (6+9) - 54 =$

● 계산을 하시오.

(1) $37-24\div6\times8+15=$

(2) $14+6\times14\div7-26=$

(3) $42\div3\times7-58+20=$

(4) $21+56\div4-3\times6=$

(5) $10+90\div(18-9)\times3=$

(6) $96\div(15+9)\times5-4=$

(7) $(24-8)\div2+4\times8=$

(8) $6\times5-(13+17)\div3=$

● 계산을 하시오.

(1) $32-(14+6)\times8\div16=$

(2) $2\times(13+4)-18\div9=$

(3) $24\div8\times(6+9)-25=$

(4) $26-9\times8\div(4+8)=$

(5) $100 \div 2 - 3 \times (12 + 4) =$

(6) $80 \div (12 + 8) \times 13 - 49 =$

(7) $(34 - 9) \div 5 + 43 - 6 \times 8 =$

(8) $2 \times 4 \times (3 + 17) \div 4 - 38 =$

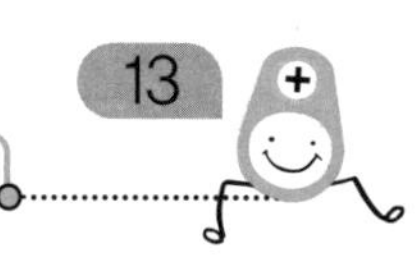

● 계산을 하시오.

(1) $25-6\times8\div(4+8)=$

(2) $3\times(7+5)\div2-12=$

(3) $28-35\div(13-8)+6\times5=$

(4) $72\div4\div9\times(12+3)-27=$

(5) $53-60\div(13+7)=$

(6) $18\times5\div(12+3)-6=$

(7) $3\times(14-7)\times2\div7+4=$

(8) $300\div3\div2-(7+5)\times4=$

● 계산을 하시오.

(1) $59-(17+19)\div3\times4=$

(2) $12+(23-8)\times4\div5+14=$

(3) $35\times3\div5-2\times(3+6)=$

(4) $16-28\div(15-8)+4\times8=$

(5) $88 \div (21 - 17) \div 2 + 4 \times 6 =$

(6) $18 - 78 \div (8 + 5) \times 3 + 57 =$

(7) $5 \times (23 - 7) \div 8 \times 4 + 15 =$

(8) $4 + 28 \div (34 - 27) \times 6 - 27 =$

● 계산을 하시오.

(1) $5 \times (8+4) \div 15 - 2 =$

(2) $26 + 64 \div (8 \times 2) - 15 =$

(3) $3 \times (16+4) - 15 \times 8 \div 2 =$

(4) $42 \div 2 + 24 \div (13 - 7) \times 3 =$

(5) $(20+80)\div4-3\times7=$

(6) $25\times2-96\div(12+12)=$

(7) $81\div(15-6)+14\times3\div6=$

(8) $5\times6\div15\times(14+8)-43=$

● |보기|와 같이 계산을 하시오.

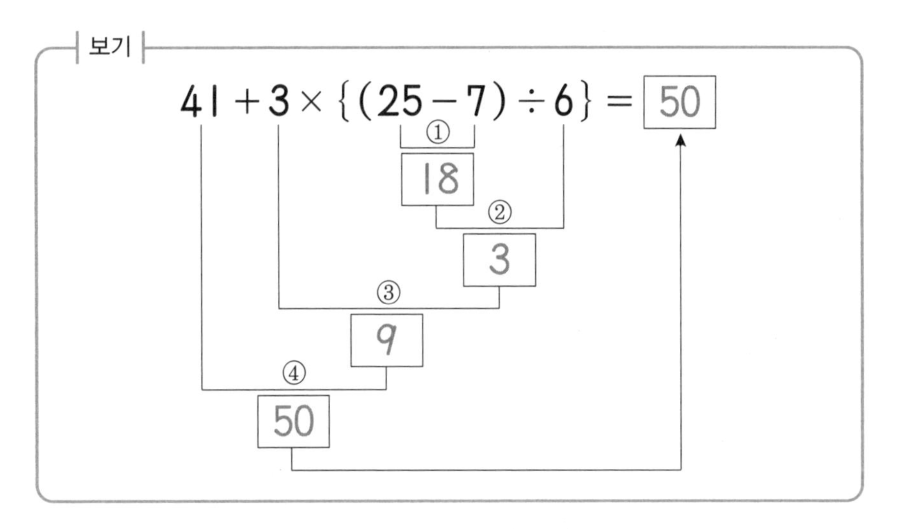

(1) $52+6\times\{(43-11)\div 4\}=$

(2) $3\times\{(23+45)\div 4\}-21=$

(3) $3\times\{43-(12+4)\}\div 9=$

Talk 식에 쓰이는 괄호에는 (   ), {   }가 있습니다. (   ), {   }가 있는 식은 (   ) 안을 먼저 계산한 후 {   } 안을 나중에 계산합니다.

(4) $16-84\div\{(15+6)\times 2\}=$

(5) $28\div\{24-(14+6)\}\times 3=$

(6) $26-8\times\{63\div(19+2)\}=$

(7) $\{100-8\times(5+7)\}\div 2=$

● 계산을 하시오.

(1) $36+3\times\{64\div(17-9)\}=$

★(2) $\{7\times9-(21+4)\}\div19=$

(3) $3\times7\times\{(36\div(14+4)\}-42=$

(4) $\{23-(38-27)\}\times4+12\div6=$

(5) $60 \div \{44-(15+9)\} \times 8=$

(6) $96 \div \{(13+11) \times 2\}-2=$

(7) $23-\{8 \times (2+3)-36\} \div 4=$

(8) $94 \div 2-\{(15 \times 2-3)+4\}=$

● 계산을 하시오.

(1) $32-6\times\{(24+12)\div9\}=$

(2) $3\times\{(17+8)-9\}\div2=$

(3) $8+\{(34-26)+4\}\div2\times3=$

(4) $18\times4\div\{4\times(18-9)\}+2=$

(5) $16-8+80\div\{(14-9)\times4\}=$

(6) $54\div\{3+(9-3)\}\times7-42=$

(7) $6+\{(6+12)\div3-4\}\times7=$

(8) $25\times4-7\times\{(18+22)\div8\}=$

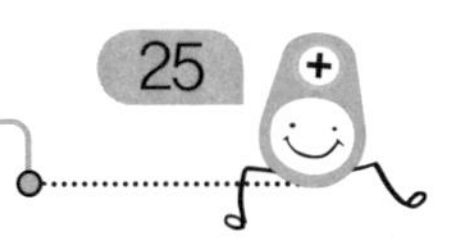

● 계산을 하시오.

(1) $\{40-(16+9)\}\times 3\div 5=$

(2) $21+54\div\{2\times(16-7)\}=$

(3) $4\times\{(18-9)\div 3\}\times 2+6=$

(4) $24-17+3\times\{(24-12)\div 2\}=$

(5) $84 \div \{2 \times (21 - 7)\} + 8 =$

(6) $13 \times \{(13 + 23) \div 9\} - 48 =$

(7) $90 \div \{(9 + 6) \times 2\} - 12 \div 4 =$

(8) $3 \times 2 \times \{(15 - 6) + 2\} \div 6 =$

● 계산을 하시오.

(1) $16-8\times2+18\div9=$

(2) $(16-8)\times2+18\div9=$

(3) $12+54\div(16-7)\times8=$

(4) $\{12+54\div(16-7)\}\times8=$

(5) $19-18\times4\div4+8=$

(6) $19-18\times4\div(4+8)=$

(7) $48\div\{(12-8)\times2\}+12=$

(8) $90\div\{(5+4)\times2\}-3=$

● 계산을 하시오.

(1) $56 \div \{(2+5) \times 4\} - 1 =$

(2) $7 + 28 - 14 \div 7 \times 9 - 12 =$

(3) $7 + (28 - 14) \div 7 \times 9 - 12 =$

(4) $\{7 + (28 - 14)\} \div 7 \times 9 - 12 =$

(5) $6 \times 5 \times 7 \div 14 - 2 + 6 =$

(6) $6 \times 5 \times 7 \div 14 - (2 + 6) =$

(7) $6 \times 5 \times 7 \div \{14 - (2 + 6)\} =$

(8) $15 - 36 \div \{(24 - 18) \times 2\} + 13 =$

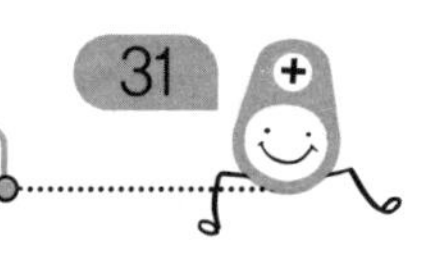

● 계산을 하시오.

(1) $56-16-8\times2\div4+6=$

(2) $56-(16-8)\times2\div4+6=$

(3) $\{56-(16-8)\}\div4+6=$

(4) $3+3\times\{(14+8)-12\}\div15=$

(5) $8+4\times8-36\div9-6=$

(6) $8+4\times8-36\div(9-6)=$

(7) $5+18\div3\times15-(9+3)=$

(8) $5+18\div3\times\{15-(9+3)\}=$

● 계산을 하시오.

(1) $8+2\times18-9\div3=$

(2) $8+2\times(18-9)\div3=$

(3) $8+2\times\{(18-9)\div3\}=$

(4) $2\times(6+8)-8\div4+31=$

(5) $4 \times 6 - (7 + 5) \times 3 \div 9 =$

(6) $64 \div (11 - 9) \times 4 \div 2 + 6 =$

(7) $64 \div \{(11 - 9) \times 4\} \div 2 + 6 =$

(8) $11 + 120 \div \{(11 + 9) \times 2\} - 14 =$

● 계산을 하시오.

(1) $8 \times \{(24-9) \div 3\} + 4 =$

(2) $3 \times (7+4) - 12 \div 2 \times 3 =$

(3) $72 \div 4 - 2 \times (8+4) \div 8 =$

(4) $12 \div 6 \times \{8 + (34-10) \div 6\} =$

(5) $12 + 36 \div 3 \times (8 - 4) =$

(6) $12 \times 4 - 32 \div (7 - 5) \times 3 =$

(7) $6 + \{(12 - 4) + 2\} \times 3 \div 5 =$

(8) $24 - 18 - 54 \div \{(4 + 5) \times 2\} =$

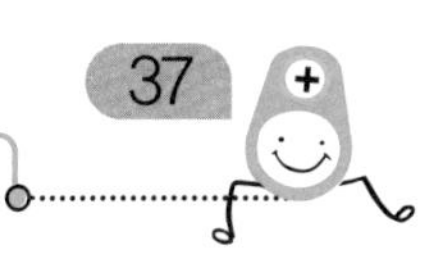

● 잘못 계산한 것을 찾아 ×하고, 보기와 같이 바르게 고치시오.

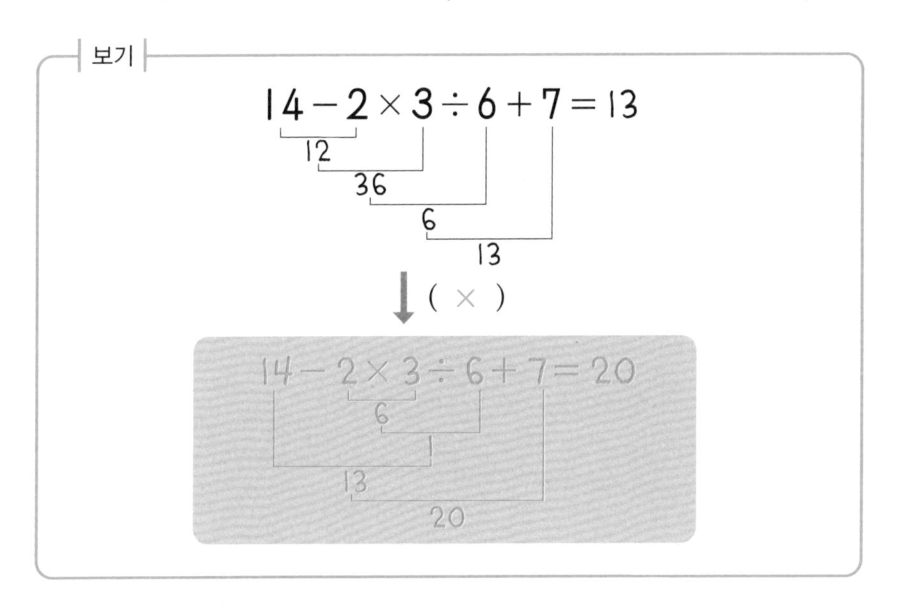

(1) 25 − (13 + 9) + 7 = 28

12

21

28

( )

Talk 덧셈, 뺄셈, 곱셈, 나눗셈, ( )가 있는 식은 ( ) → ×, ÷ → +, −의 순서에 주의하여 계산합니다.

(2) $27-56\div 8+15=35$

$56\div 8=7$, $27-7=20$, $20+15=35$

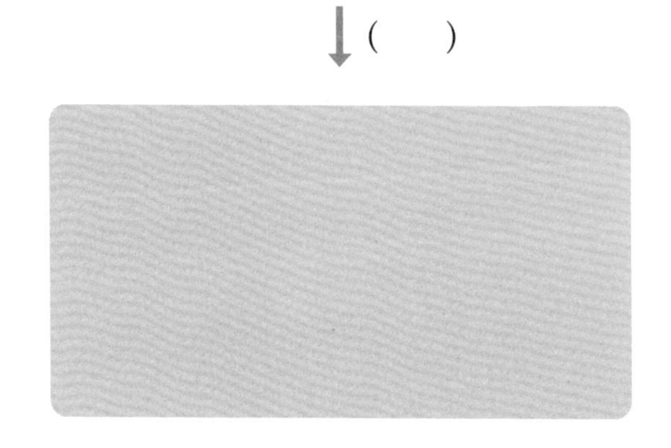

(3) $4\times 10+8-18\div 9=6$

$10+8=18$, $4\times 18=72$, $72-18=54$, $54\div 9=6$

● 잘못 계산한 것을 찾아 ×하고, 바르게 고치시오.

(1) $(12+9)\times3-33=6$

27

39

6

↓ (　　)

(2) $96\div8\times3\div2=2$

24

4

2

(3) $11+(27-6)\div 7\times 3=20$

21

3

9

20

↓ (　　)

(4) $9+\{7\times(3+5)-20\}\div 4=30$

21　　5

26

35

30

↓ (　　)

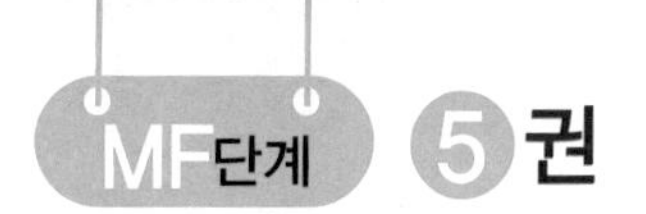

곱셈과 나눗셈, 혼합 계산 총정리

요일	교재 번호	학습한 날짜	확인
1일차(월)	01~08	월 일	
2일차(화)	09~16	월 일	
3일차(수)	17~24	월 일	
4일차(목)	25~32	월 일	
5일차(금)	33~40	월 일	

● 곱셈을 하시오.

(1)

	1	3
×		2

(2)

	4	6
×		2

(3)

	3	2
×		2

(4)

	6	3
×		3

(5)

	2	3
×		3

(6)

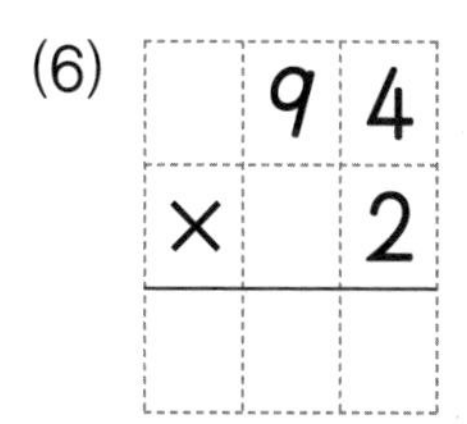

	9	4
×		2

(7)

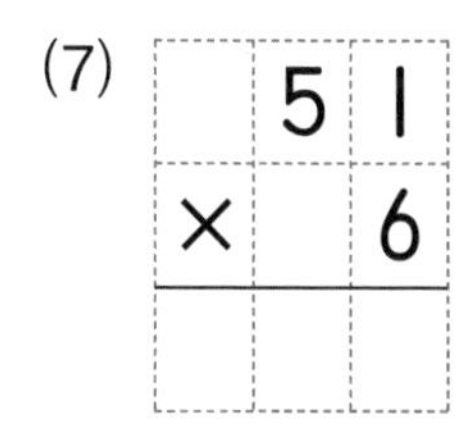

	5	1
×		6

(8)

	7	2
×		4

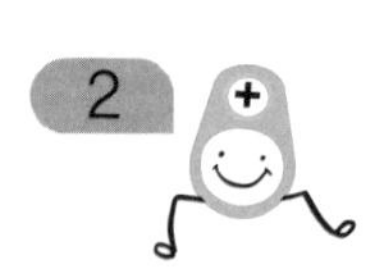

(9)

$$\begin{array}{r} 33 \\ \times \quad 2 \\ \hline \end{array}$$

(10)

$$\begin{array}{r} 47 \\ \times \quad 2 \\ \hline \end{array}$$

(11)

$$\begin{array}{r} 26 \\ \times \quad 4 \\ \hline \end{array}$$

(12)

$$\begin{array}{r} 95 \\ \times \quad 8 \\ \hline \end{array}$$

(13)

$$\begin{array}{r} 15 \\ \times \quad 8 \\ \hline \end{array}$$

(14)

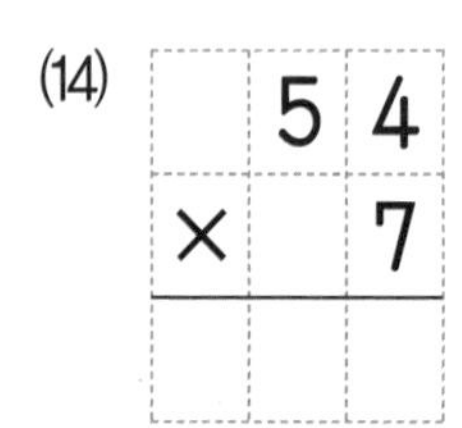

(15)

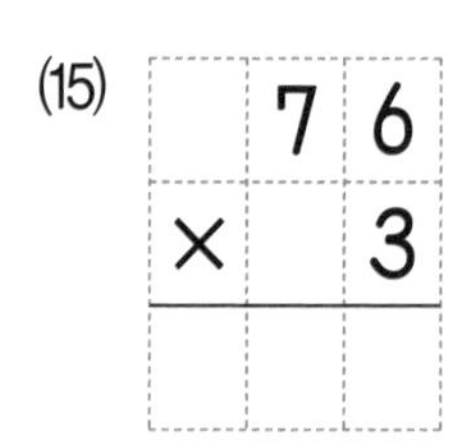

(16)

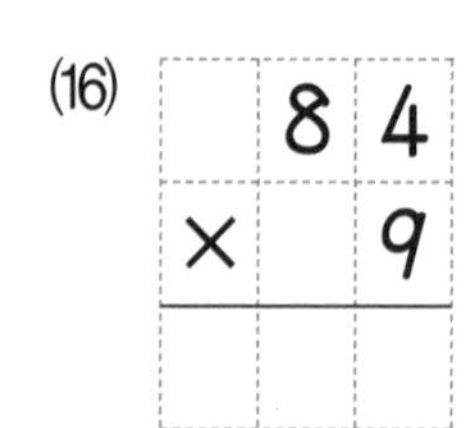

● 곱셈을 하시오.

(1)

	1	7
×		8

(2)

	2	7
×		9

(3)

	4	5
×		4

(4)

	8	5
×		3

(5)

	3	6
×		2

(6)

	9	2
×		4

(7)

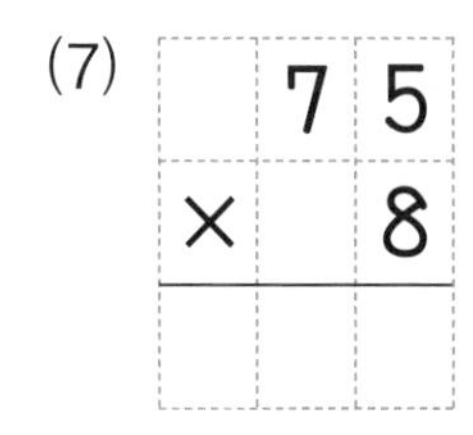

	7	5
×		8

(8)

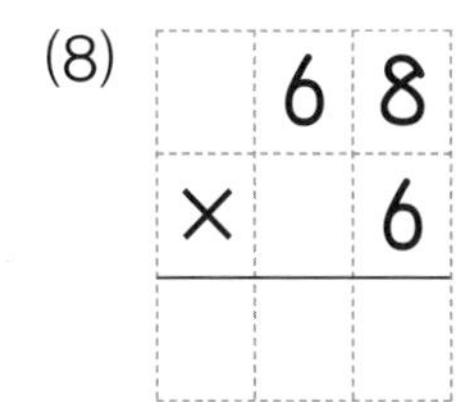

	6	8
×		6

(9)

	1	9
×		7

(10)

	7	7
×		4

(11)

	4	8
×		3

(12)

	8	6
×		3

(13)

	3	4
×		9

(14)

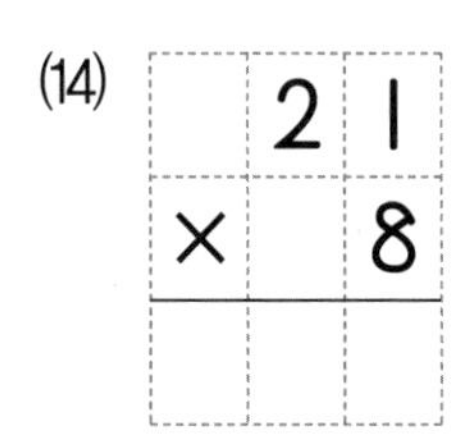

(15)

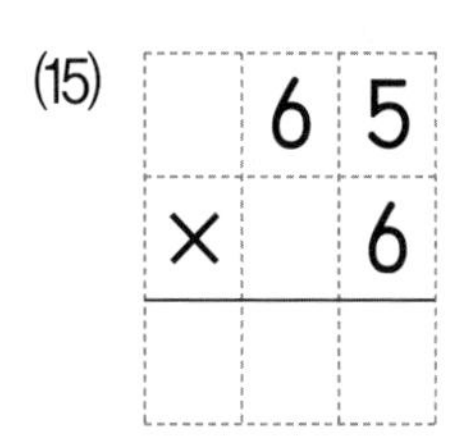

(16)

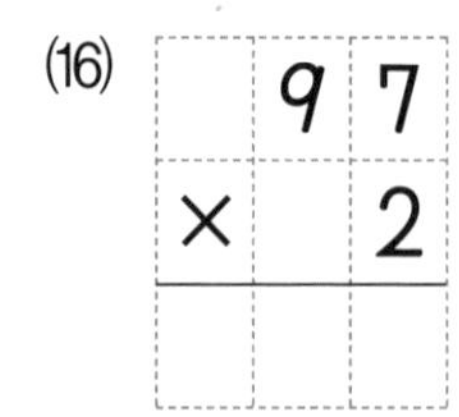

● 곱셈을 하시오.

(1)

		1	2
×		3	4

(2)

		5	3
×		2	3

(3)

		8	1
×		1	7

(4)

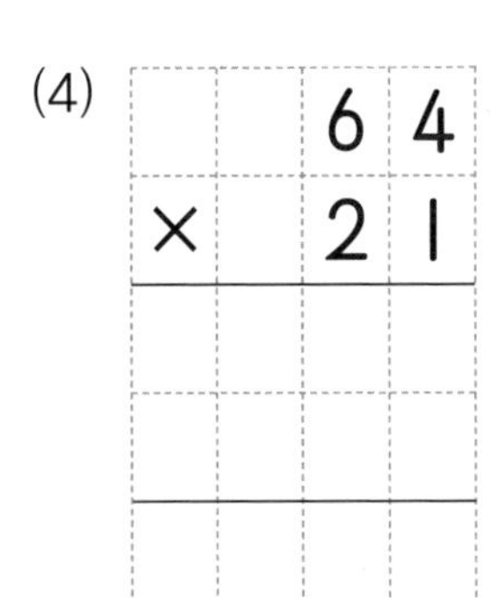

		6	4
×		2	1

(5)

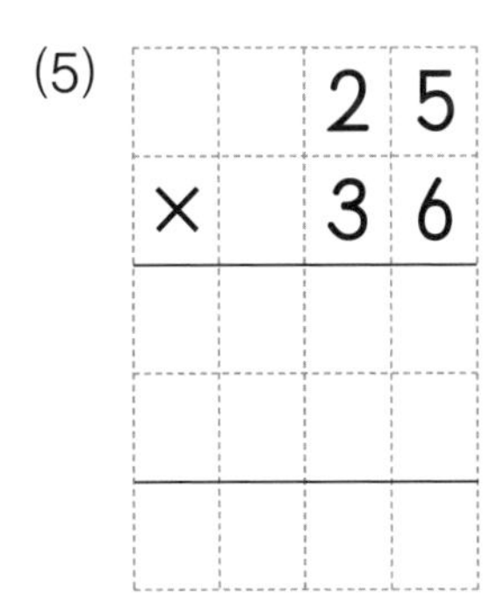

		2	5
×		3	6

(6)

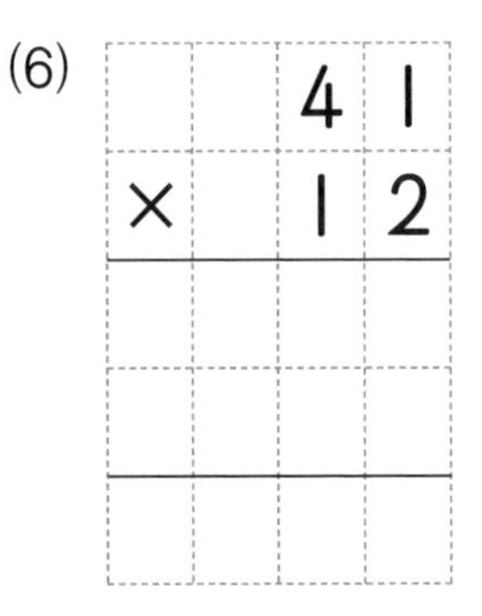

		4	1
×		1	2

(7)

		4	3
×		2	2

(8)

		3	4
×		6	2

(9)

		1	7
×		1	9

(10)

		6	5
×		3	3

(11)

		2	8
×		1	4

(12)

		5	6
×		3	7

● 곱셈을 하시오.

(1) $\begin{array}{r} 20 \\ \times\ 24 \\ \hline \end{array}$

(2) $\begin{array}{r} 18 \\ \times\ 56 \\ \hline \end{array}$

(3) $\begin{array}{r} 87 \\ \times\ 23 \\ \hline \end{array}$

(4) $\begin{array}{r} 13 \\ \times\ 13 \\ \hline \end{array}$

(5) $\begin{array}{r} 61 \\ \times\ 28 \\ \hline \end{array}$

(6) $\begin{array}{r} 46 \\ \times\ 41 \\ \hline \end{array}$

(7)
$$\begin{array}{r} 24 \\ \times\ 12 \\ \hline \end{array}$$

(8)
$$\begin{array}{r} 63 \\ \times\ 72 \\ \hline \end{array}$$

(9)
$$\begin{array}{r} 51 \\ \times\ 14 \\ \hline \end{array}$$

(10)
$$\begin{array}{r} 38 \\ \times\ 24 \\ \hline \end{array}$$

(11)
$$\begin{array}{r} 16 \\ \times\ 18 \\ \hline \end{array}$$

(12)
$$\begin{array}{r} 45 \\ \times\ 67 \\ \hline \end{array}$$

● 곱셈을 하시오.

(1) $\begin{array}{r} 30 \\ \times\ 15 \\ \hline \end{array}$

(2) $\begin{array}{r} 53 \\ \times\ 33 \\ \hline \end{array}$

(3) $\begin{array}{r} 44 \\ \times\ 41 \\ \hline \end{array}$

(4) $\begin{array}{r} 29 \\ \times\ 21 \\ \hline \end{array}$

(5) $\begin{array}{r} 25 \\ \times\ 64 \\ \hline \end{array}$

(6) $\begin{array}{r} 78 \\ \times\ 42 \\ \hline \end{array}$

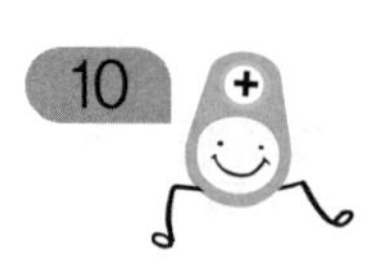

(7)
$$\begin{array}{r} 17 \\ \times\ 28 \\ \hline \end{array}$$

(8)
$$\begin{array}{r} 92 \\ \times\ 34 \\ \hline \end{array}$$

(9)
$$\begin{array}{r} 45 \\ \times\ 12 \\ \hline \end{array}$$

(10)
$$\begin{array}{r} 26 \\ \times\ 13 \\ \hline \end{array}$$

(11)
$$\begin{array}{r} 38 \\ \times\ 52 \\ \hline \end{array}$$

(12)
$$\begin{array}{r} 39 \\ \times\ 75 \\ \hline \end{array}$$

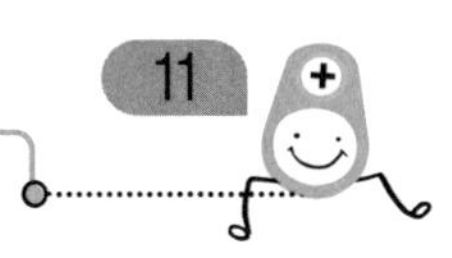

● 곱셈을 하시오.

(1) $\begin{array}{r} 31 \\ \times\ 18 \\ \hline \end{array}$

(2) $\begin{array}{r} 17 \\ \times\ 78 \\ \hline \end{array}$

(3) $\begin{array}{r} 54 \\ \times\ 45 \\ \hline \end{array}$

(4) $\begin{array}{r} 19 \\ \times\ 23 \\ \hline \end{array}$

(5) $\begin{array}{r} 27 \\ \times\ 36 \\ \hline \end{array}$

(6) $\begin{array}{r} 65 \\ \times\ 37 \\ \hline \end{array}$

(7) $\begin{array}{r} 66 \\ \times\ 35 \\ \hline \end{array}$

(8) $\begin{array}{r} 32 \\ \times\ 56 \\ \hline \end{array}$

(9) $\begin{array}{r} 83 \\ \times\ 23 \\ \hline \end{array}$

(10) $\begin{array}{r} 18 \\ \times\ 12 \\ \hline \end{array}$

(11) $\begin{array}{r} 47 \\ \times\ 39 \\ \hline \end{array}$

(12) $\begin{array}{r} 72 \\ \times\ 28 \\ \hline \end{array}$

● 곱셈을 하시오.

(1) $\begin{array}{r} 300 \\ \times \quad 23 \\ \hline \end{array}$

(2) $\begin{array}{r} 243 \\ \times \quad 27 \\ \hline \end{array}$

(3) $\begin{array}{r} 207 \\ \times \quad 85 \\ \hline \end{array}$

(4) $\begin{array}{r} 127 \\ \times \quad 41 \\ \hline \end{array}$

(5) $\begin{array}{r} 311 \\ \times \quad 52 \\ \hline \end{array}$

(6) $\begin{array}{r} 438 \\ \times \quad 32 \\ \hline \end{array}$

(7)
$$\begin{array}{r} 205 \\ \times \quad 13 \\ \hline \end{array}$$

(8)
$$\begin{array}{r} 556 \\ \times \quad 28 \\ \hline \end{array}$$

(9)
$$\begin{array}{r} 772 \\ \times \quad 35 \\ \hline \end{array}$$

(10)
$$\begin{array}{r} 450 \\ \times \quad 86 \\ \hline \end{array}$$

(11)
$$\begin{array}{r} 319 \\ \times \quad 14 \\ \hline \end{array}$$

(12)
$$\begin{array}{r} 684 \\ \times \quad 49 \\ \hline \end{array}$$

● 곱셈을 하시오.

(1)
$$\begin{array}{r} 369 \\ \times \quad 24 \\ \hline \end{array}$$

(2)
$$\begin{array}{r} 174 \\ \times \quad 68 \\ \hline \end{array}$$

(3)
$$\begin{array}{r} 746 \\ \times \quad 25 \\ \hline \end{array}$$

(4)
$$\begin{array}{r} 128 \\ \times \quad 31 \\ \hline \end{array}$$

(5)
$$\begin{array}{r} 526 \\ \times \quad 47 \\ \hline \end{array}$$

(6)
$$\begin{array}{r} 264 \\ \times \quad 53 \\ \hline \end{array}$$

(7)
$$\begin{array}{r} 301 \\ \times \quad 62 \\ \hline \end{array}$$

(8)
$$\begin{array}{r} 688 \\ \times \quad 16 \\ \hline \end{array}$$

(9)
$$\begin{array}{r} 577 \\ \times \quad 63 \\ \hline \end{array}$$

(10)
$$\begin{array}{r} 195 \\ \times \quad 34 \\ \hline \end{array}$$

(11)
$$\begin{array}{r} 287 \\ \times \quad 46 \\ \hline \end{array}$$

(12)
$$\begin{array}{r} 924 \\ \times \quad 29 \\ \hline \end{array}$$

● 나눗셈을 하시오.

(1)

$18 \overline{)\,36}$

(4)

$14 \overline{)\,23}$

(2)

$21 \overline{)\,64}$

(5)

$32 \overline{)\,70}$

(3)

$19 \overline{)\,96}$

(6)

$26 \overline{)\,85}$

(7)

$12\overline{)26}$

(8)

$23\overline{)49}$

(9)

$15\overline{)64}$

(10)

$13\overline{)78}$

(11)

$24\overline{)54}$

(12)

$27\overline{)84}$

● 나눗셈을 하시오.

(1)

$11 \overline{)\,62}$

(2)

$21 \overline{)\,44}$

(3)

$34 \overline{)\,70}$

(4)

$18 \overline{)\,92}$

(5)

$22 \overline{)\,68}$

(6)

$14 \overline{)\,56}$

(7)

$$15\overline{)51}$$

(8)

$$37\overline{)74}$$

(9)

$$28\overline{)62}$$

(10)

$$18\overline{)75}$$

(11)

$$26\overline{)56}$$

(12)

$$14\overline{)99}$$

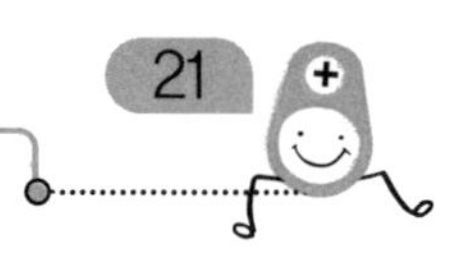

● 나눗셈을 하시오.

(1)

$30\overline{)750}$

(2)

$20\overline{)170}$

(3)

$40\overline{)644}$

(4)

$70\overline{)490}$

(5)

$50\overline{)467}$

(6)

$60\overline{)887}$

(7)

$30\overline{)345}$

(10)

$50\overline{)270}$

(8)

$80\overline{)450}$

(11)

$40\overline{)573}$

(9)

$20\overline{)426}$

(12)

$90\overline{)810}$

● 나눗셈을 하시오.

(1)

$83 \overline{)249}$

(4)

$52 \overline{)350}$

(2)

$16 \overline{)660}$

(5)

$32 \overline{)443}$

(3)

$91 \overline{)873}$

(6)

$67 \overline{)770}$

(7)

$53\overline{)457}$

(10)

$75\overline{)359}$

(8)

$36\overline{)540}$

(11)

$23\overline{)630}$

(9)

$64\overline{)840}$

(12)

$92\overline{)782}$

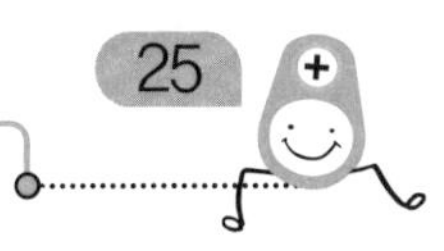

● 나눗셈을 하시오.

(1)

$15\overline{)720}$

(4)

$91\overline{)620}$

(2)

$51\overline{)818}$

(5)

$39\overline{)773}$

(3)

$48\overline{)376}$

(6)

$87\overline{)530}$

(7)

$45\overline{)363}$

(8)

$13\overline{)680}$

(9)

$83\overline{)520}$

(10)

$54\overline{)769}$

(11)

$73\overline{)440}$

(12)

$32\overline{)832}$

● 나눗셈을 하시오.

(1)

$$24\overline{)623}$$

(2)

$$77\overline{)468}$$

(3)

$$37\overline{)751}$$

(4)

$$54\overline{)324}$$

(5)

$$82\overline{)510}$$

(6)

$$43\overline{)914}$$

(7)

$$14\overline{)168}$$

(8)

$$67\overline{)240}$$

(9)

$$23\overline{)845}$$

(10)

$$53\overline{)375}$$

(11)

$$82\overline{)469}$$

(12)

$$35\overline{)587}$$

● 나눗셈을 하시오.

(1)

$42\overline{)657}$

(4)

$33\overline{)564}$

(2)

$51\overline{)378}$

(5)

$83\overline{)747}$

(3)

$66\overline{)426}$

(6)

$24\overline{)885}$

(7)

$27\overline{)428}$

(10)

$37\overline{)153}$

(8)

$43\overline{)259}$

(11)

$18\overline{)700}$

(9)

$62\overline{)868}$

(12)

$94\overline{)573}$

● 나눗셈을 하시오.

(1)

$22\overline{)544}$

(2)

$36\overline{)462}$

(3)

$68\overline{)408}$

(4)

$34\overline{)372}$

(5)

$86\overline{)732}$

(6)

$56\overline{)634}$

(7)

$$12\overline{)413}$$

(8)

$$27\overline{)195}$$

(9)

$$32\overline{)900}$$

(10)

$$24\overline{)360}$$

(11)

$$58\overline{)492}$$

(12)

$$45\overline{)669}$$

● 계산을 하시오.

(1) $53 + 19 - 28 =$

(2) $80 - 16 + 9 =$

(3) $74 - (48 + 19) =$

(4) $45 - (22 - 3) + 37 =$

(5) $91 - 26 - (18 + 35) =$

(6) $7 \times 12 \div 6 \times 14 =$

(7) $36 \div 3 \times 8 \div 12 =$

(8) $18 \times 2 \times (72 \div 24) =$

(9) $90 \div (3 \times 6) \times 6 =$

(10) $16 \times (35 \div 7) \div 8 =$

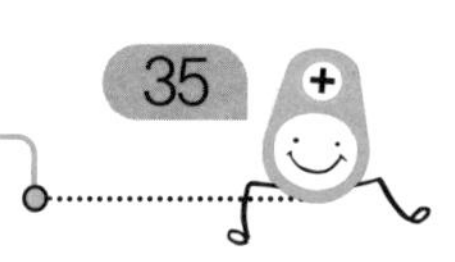

● 계산을 하시오.

(1) $29+4\times3-27=$

(2) $61-7\times8+17=$

(3) $20\times(9+3)-85=$

(4) $8\times(26-19)+14=$

(5) $90-(15+17)\times2=$

(6) $25 + 24 \div 4 - 30 =$

(7) $32 \div 2 + 17 - 23 =$

(8) $18 + (34 - 13) \div 3 =$

(9) $48 \div 3 - (9 + 7) =$

(10) $50 - (37 + 27) \div 4 =$

● 계산을 하시오.

(1) $15 \times 4 - 42 \div 14 + 6 =$

(2) $30 - 48 \div 16 + 13 \times 5 =$

(3) $11 \times 6 - 20 + 72 \div 4 \times 3 =$

(4) $26 \times 2 + (91 - 13) \div 6 =$

(5) $96 \div (8 + 4) - 2 \times 4 =$

(6) $15 \times 3 \div (43 - 28) + 27 =$

(7) $86 - 3 \times (12 + 13) - 81 \div 27 =$

(8) $56 \div (23 - 19) + 12 \times 3 \div 2 =$

● 계산을 하시오.

(1) $18 \div 6 + 3 \times (40 - 12) \div 4 =$

(2) $10 - \{2 \times (16 + 34)\} \div 25 =$

(3) $20 \times 8 \div (7 + 9) - 2 \times 5 =$

(4) $32 - (51 - 48) \times 16 \div 8 + 25 =$

(5) $45 \div 5 \times (13 + 25) - 70 \div 2 =$

(6) $8 + 24 \div 12 + (32 - 27) \times 14 =$

(7) $13 + 63 \div \{3 + (42 - 38)\} \times 3 =$

(8) $4 \times \{(86 - 22) \div 8\} \times 2 + 16 =$

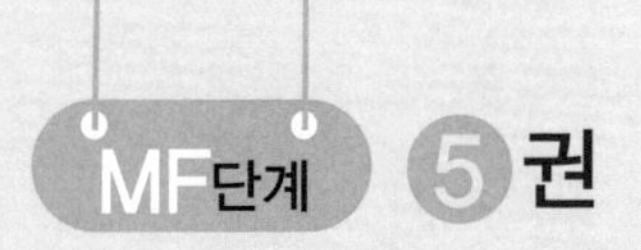

학교 연산 대비하자

연산 UP

연산 UP

1

● 계산을 하시오.

(1) $50-35+8=$

(2) $29+48-19=$

(3) $24+17-9+16=$

(4) $37-4+16-29=$

(5) $82-45+17+33=$

(6) $37 - 4 + 16 - 29 =$

(7) $92 - 65 - 22 + 17 =$

(8) $42 - (15 + 8) =$

(9) $75 - (38 - 16) =$

(10) $93 - (11 + 52) =$

연산 UP 3

● 계산을 하시오.

(1) $84 \div 7 \times 3 =$

(2) $48 \times 12 \div 16 =$

(3) $45 \div 5 \times 14 =$

(4) $15 \times 8 \div 4 \times 3 =$

(5) $24 \div 8 \times 12 \div 9 =$

(6) $18 \times 4 \div 2 \div 3 =$

(7) $63 \div 3 \times 5 \div 35 =$

(8) $81 \div (3 \times 9) =$

(9) $15 \times (24 \div 8) =$

(10) $75 \div (5 \times 9 \div 3) =$

● 계산을 하시오.

(1) $36+8\times7=$

(2) $123-22\times4=$

(3) $25+3\times6-19=$

(4) $90-7\times12+4=$

(5) $86-14+17\times5=$

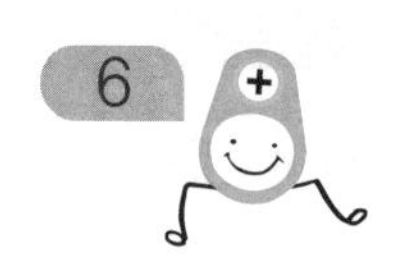

(6) $43+48\div3-25=$

(7) $72-54+84\div7=$

(8) $16+56\div14-12=$

(9) $30-72\div8+60\div15=$

(10) $61+120\div8-72\div12=$

MF

연산 UP

7

● 계산을 하시오.

(1) $17+9\times6-64\div8=$

(2) $56\div7+12-2\times7=$

(3) $40-4\times9\div6+7=$

(4) $10+3\times4-56\div8=$

(5) $25\times3-84\div6+9=$

(6) $14+\{(49-4)\div5-8\}=$

(7) $3\times(9+14)-64\div4=$

(8) $22+(44-16)\div4\times7=$

(9) $8\times\{2\times(4+5)\div3\}=$

(10) $3\times4+\{81\div(2+7)-5\}=$

● 다음을 읽고 물음에 답하시오.

(1) 지수네 반은 남학생이 21명, 여학생이 16명입니다. 안경을 쓴 학생이 14명이라면 안경을 쓰지 않은 학생은 몇 명입니까?

( )

(2) 사탕 한 봉지에 레몬 맛 사탕이 24개, 포도 맛 사탕이 27개 들어 있습니다. 그중에서 16개를 먹었다면 남아 있는 사탕은 몇 개입니까?

( )

(3) 빨간 색종이 34장과 파란 색종이 18장이 있습니다. 그중에서 23장을 사용하였다면 남아 있는 색종이는 몇 장입니까?

( )

(4) 버스에 26명이 타고 있었습니다. 첫째 정류장에서 7명이 내리고 9명이 탔습니다. 지금 버스에 몇 명이 타고 있습니까?

( )

(5) 진영이는 카드를 40장 가지고 있습니다. 동생에게 12장을 주었고 형에게서 16장을 받았습니다. 진영이가 가지고 있는 카드는 몇 장입니까?

( )

(6) 줄넘기를 주현이는 어제는 48개, 오늘은 39개 했고, 지영이는 주현이가 어제와 오늘 한 줄넘기 수의 2배보다 27개 적게 했습니다. 지영이가 한 줄넘기는 몇 개입니까?

( )

● 다음을 읽고 물음에 답하시오.

(1) 한 봉지에 28개씩 들어 있는 사탕 3봉지를 12명에게 똑같이 나누어 주려고 합니다. 한 명에게 몇 개씩 나누어 주면 됩니까?

( )

(2) 연필 1타는 12자루입니다. 연필 4타를 8명에게 똑같이 나누어 주려고 합니다. 한 명이 가질 수 있는 연필은 몇 자루입니까?

( )

(3) 한 변이 18 cm인 정사각형과 둘레의 길이가 같은 정삼각형이 있습니다. 이 정삼각형의 한 변은 몇 cm입니까?

( )

(4) 한 봉지에 15개씩 들어 있는 구슬이 6봉지 있습니다. 이 구슬을 9명에게 똑같이 나누어 주면 한 명에게 몇 개씩 나누어 줄 수 있습니까?

( )

(5) 남자 어린이 22명과 여자 어린이 18명이 있습니다. 이 어린이들에게 사탕을 5개씩 나누어 주었습니다. 어린이들에게 나누어 준 사탕은 모두 몇 개입니까?

( )

(6) 과자가 8개씩 담겨 있는 접시가 4개, 빵이 5개씩 담겨 있는 접시가 5개 있습니다. 과자는 빵보다 몇 개 더 많습니까?

( )

● 다음을 읽고 물음에 답하시오.

(1) 여학생 24명은 한 모둠에 6명씩 모둠을 만들고, 남학생 20명은 한 모둠에 4명씩 모둠을 만들었습니다. 만든 모둠은 모두 몇 모둠입니까?

( )

(2) 쿠키를 15개씩 담은 상자가 14상자, 20개씩 담은 상자가 8상자 있습니다. 상자에 담겨 있는 쿠키는 모두 몇 개입니까?

( )

(3) 길이가 12 cm인 색 테이프 8장을 2 cm씩 겹치게 한 줄로 이어 붙였습니다. 이어 붙인 색 테이프의 전체 길이는 몇 cm입니까?

( )

(4) 서준이는 한 봉지에 13개씩 들어 있는 구슬을 5봉지 가지고 있습니다. 7명에게 똑같이 3개씩 나누어 주고 남은 구슬은 몇 개입니까?

( )

(5) 빵 160개를 한 상자에 8개씩 넣어 12000원에 팔았습니다. 빵을 판 돈은 모두 얼마입니까?

( )

(6) 도화지는 1장에 400원이고, 공책은 3권에 1800원입니다. 도화지 6장과 공책 2권을 사는 데 필요한 돈은 모두 얼마입니까?

( )

● 다음을 읽고 물음에 답하시오.

(1) 3개에 750원인 껌 한 통과 1200원짜리 과자 한 봉지를 사고 2000원을 내었습니다. 거스름돈은 얼마입니까?

( )

(2) 수현이네 반은 5명씩 6모둠입니다. 150자루의 연필을 똑같이 나누어 준다면, 한 사람에게 몇 자루씩 나누어 줄 수 있습니까?

( )

(3) 운동장에 있는 학생은 8명씩 9모둠입니다. 한 상자에 15개씩 들어 있는 초콜릿 5상자를 사서 학생 한 명에게 한 개씩 나누어 주었다면 남은 초콜릿은 몇 개입니까?

( )

(4) 구슬이 70개 있습니다. 여학생 2명, 남학생 3명으로 이루어진 모둠에 한 사람당 구슬을 2개씩 모두 6모둠에 나누어 주었습니다. 남은 구슬은 몇 개입니까?

( )

(5) 밤 350개를 7개의 상자에 똑같이 나누어 넣었다가 이 중에서 6개씩을 꺼냈습니다. 한 상자에 들어 있는 밤은 몇 개입니까?

( )

(6) 200개의 사과를 큰 상자 6개에 20개씩 담고, 작은 상자 4개에 15개씩 담았습니다. 상자에 담지 못한 사과는 몇 개입니까?

( )

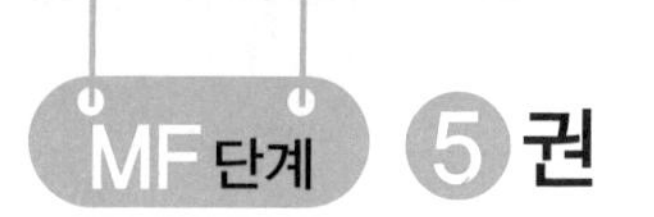

정 답

MF01

1	2	3	4
(1) $12+8+9=\boxed{29}$ $\boxed{20}$ $\boxed{29}$	(6) $59-7-8=\boxed{44}$ $\boxed{52}$ $\boxed{44}$	(1) $38+7-25=\boxed{20}$ $\boxed{45}$ $\boxed{20}$	(3) $29-7+31=\boxed{53}$ $\boxed{22}$ $\boxed{53}$
(2) 39	(7) 14	(2) $73+5-42=\boxed{36}$ $\boxed{78}$ $\boxed{36}$	(4) $56-28+6=\boxed{34}$ $\boxed{28}$ $\boxed{34}$
(3) 56	(8) 36		(5) $48-29+9=\boxed{28}$ $\boxed{19}$ $\boxed{28}$
(4) 70	(9) 24		(6) $37+8-45=\boxed{0}$ $\boxed{45}$ $\boxed{0}$
(5) 91	(10) 0		

MF01

5	6	7	8	9	10	11	12
(1) 100	(6) 52	(1) 9	(6) 34	(1) 44	(6) 18	(1) 1	(6) 26
(2) 0	(7) 10	(2) 35	(7) 21	(2) 12	(7) 38	(2) 34	(7) 32
(3) 20	(8) 23	(3) 12	(8) 26	(3) 24	(8) 14	(3) 10	(8) 14
(4) 33	(9) 2	(4) 3	(9) 4	(4) 30	(9) 39	(4) 1	(9) 50
(5) 19	(10) 17	(5) 36	(10) 28	(5) 34	(10) 23	(5) 48	(10) 37

MF01

13	14	15	16
(1) $48-(32+9)+15=\boxed{22}$ 41 → 7 → 22	(3) $68-(35-26)+11=\boxed{70}$ 9 → 59 → 70	(1) 31	(6) 24
(2) $76-(28+31)-8=\boxed{9}$ 59 → 17 → 9	(4) $97-(42+36)-19=\boxed{0}$ 78 → 19 → 0	(2) 10	(7) 38
	(5) $37+(36-28)-43=\boxed{2}$ 8 → 45 → 2	(3) 36	(8) 0
	(6) $46+(32+18)-28=\boxed{68}$ 50 → 96 → 68	(4) 13	(9) 9
		(5) 9	(10) 5

MF01

17	18	19	20	21	22	23	24
(1) 40	(6) 3	(1) 45	(6) 49	(1) 100	(6) 89	(1) 46	(6) 64
(2) 0	(7) 60	(2) 4	(7) 1	(2) 8	(7) 43	(2) 46	(7) 0
(3) 90	(8) 50	(3) 3	(8) 61	(3) 54	(8) 80	(3) 64	(8) 52
(4) 24	(9) 93	(4) 34	(9) 0	(4) 50	(9) 30	(4) 8	(9) 50
(5) 6	(10) 0	(5) 61	(10) 10	(5) 30	(10) 32	(5) 35	(10) 20

MF01

25	26	27	28	29	30
(1) 70	(6) 63	(1) $12 \times 4 \div 8 = \boxed{6}$; $\boxed{48}$, $\boxed{6}$	(3) $63 \div 9 \times 4 = \boxed{28}$; $\boxed{7}$, $\boxed{28}$	(1) 10	(6) 30
(2) 12	(7) 21	(2) $72 \div 8 \times 3 = \boxed{27}$; $\boxed{9}$, $\boxed{27}$	(4) $18 \times 5 \div 6 = \boxed{15}$; $\boxed{90}$, $\boxed{15}$	(2) 6	(7) 12
(3) 0	(8) 99		(5) $77 \div 7 \times 8 = \boxed{88}$; $\boxed{11}$, $\boxed{88}$	(3) 6	(8) 30
(4) 34	(9) 39		(6) $16 \times 4 \div 8 = \boxed{8}$; $\boxed{64}$, $\boxed{8}$	(4) 18	(9) 125
(5) 70	(10) 13			(5) 66	(10) 64

MF01

31	32	33	34	35
(1) 10	(6) 3	(1) 22	(6) 12	(1) $12 \times (27 \div 9) \times 2 = \boxed{72}$; $\boxed{3}$, $\boxed{36}$, $\boxed{72}$
(2) 36	(7) 80	(2) 2	(7) 4	(2) $64 \div (32 \div 8) \times 3 = \boxed{48}$; $\boxed{4}$, $\boxed{16}$, $\boxed{48}$
(3) 3	(8) 56	(3) 16	(8) 10	
(4) 48	(9) 4	(4) 10	(9) 4	
(5) 3	(10) 18	(5) 12	(10) 50	

MF01

36

(3) $48 \times (8 \div 4) \div 6 = 16$

2
96
16

(4) $56 \div (4 \times 2) \times 5 = 35$

8
7
35

(5) $50 \div (2 \times 5) \div 5 = 1$

10
5
1

(6) $9 \times (2 \times 10) \div 3 = 60$

20
180
60

37	38	39	40
(1) 1	(6) 12	(1) 90	(6) 4
(2) 99	(7) 4	(2) 5	(7) 10
(3) 10	(8) 1	(3) 1	(8) 100
(4) 36	(9) 32	(4) 16	(9) 6
(5) 27	(10) 12	(5) 15	(10) 2

MF02

1	2
(1) 78	(6) 70
(2) 85	(7) 2
(3) 23	(8) 24
(4) 59	(9) 6
(5) 61	(10) 2

3

(1) $34 + 2 \times 2 - 13 = 25$

4
38
25

(2) $70 - 15 \times 3 + 15 = 40$

45
25
40

4

(3) $58 - 13 \times 3 + 21 = 40$

39
19
40

(4) $94 - 7 \times 9 - 21 = 10$

63
31
10

(5) $15 \times 2 + 16 - 45 = 1$

30
46
1

(6) $14 \times 2 - 25 + 12 = 15$

28
3
15

MF02

5	6	7	8	9	10	11	12
(1) 21	(6) 14	(1) 10	(6) 19	(1) 2	(6) 49	(1) 30	(6) 4
(2) 4	(7) 12	(2) 4	(7) 20	(2) 15	(7) 34	(2) 4	(7) 49
(3) 10	(8) 15	(3) 18	(8) 6	(3) 20	(8) 2	(3) 26	(8) 15
(4) 8	(9) 70	(4) 30	(9) 35	(4) 100	(9) 1	(4) 30	(9) 43
(5) 1	(10) 33	(5) 10	(10) 20	(5) 32	(10) 2	(5) 11	(10) 34

13	14	15	16	17	18
(1) 18	(6) 14	(1) 1	(6) 25	(1) 3	(6) 4
(2) 2	(7) 19	(2) 2	(7) 26	(2) 17	(7) 39
(3) 10	(8) 4	(3) 64	(8) 1	(3) 26	(8) 2
(4) 30	(9) 35	(4) 20	(9) 19	(4) 1	(9) 10
(5) 6	(10) 20	(5) 40	(10) 34	(5) 42	(10) 7

MF02

19	20	21	22
(1) $34+24\div4-28=12$ (6, 40, 12)	(3) $20-64\div4+8=12$ (16, 4, 12)	(1) 1	(6) 25
(2) $59-56\div7+3=54$ (8, 51, 54)	(4) $81-18\div3-21=54$ (6, 75, 54)	(2) 30	(7) 34
	(5) $36\div3+8-15=5$ (12, 20, 5)	(3) 7	(8) 1
	(6) $72\div6-8+4=8$ (12, 4, 8)	(4) 16	(9) 21
		(5) 30	(10) 40

MF02

23	24	25	26	27	28	29	30
(1) 1	(6) 26	(1) 15	(6) 37	(1) 31	(6) 50	(1) 40	(6) 15
(2) 35	(7) 24	(2) 4	(7) 80	(2) 0	(7) 34	(2) 5	(7) 34
(3) 16	(8) 3	(3) 17	(8) 17	(3) 37	(8) 31	(3) 29	(8) 26
(4) 30	(9) 11	(4) 38	(9) 30	(4) 20	(9) 8	(4) 4	(9) 46
(5) 49	(10) 20	(5) 30	(10) 0	(5) 29	(10) 22	(5) 16	(10) 0

MF02

31	32	33	34	35	36
(1) 21	(6) 34	(1) 3	(6) 33	(1) $23+3\times(18-9)=\boxed{50}$ (9, 27, 50)	(3) $12+(24-16)\times8=\boxed{76}$ (8, 64, 76)
(2) 0	(7) 0	(2) 43	(7) 36	(2) $58-2\times(3+21)=\boxed{10}$ (24, 48, 10)	(4) $90-(11+9)\times4=\boxed{10}$ (20, 80, 10)
(3) 19	(8) 32	(3) 1	(8) 10		(5) $(32-26)\times9+16=\boxed{70}$ (6, 54, 70)
(4) 34	(9) 22	(4) 22	(9) 13		(6) $3\times(15+6)-41=\boxed{22}$ (21, 63, 22)
(5) 22	(10) 6	(5) 18	(10) 1		

MF02

37	38	39	40
(1) $48+(13-9)\div2=\boxed{50}$ $\boxed{4}$, $\boxed{2}$, $\boxed{50}$	(3) $28-120\div(13+17)=\boxed{24}$ $\boxed{30}$, $\boxed{4}$, $\boxed{24}$	(1) 80	(6) 29
(2) $36-(23+25)\div8=\boxed{30}$ $\boxed{48}$, $\boxed{6}$, $\boxed{30}$	(4) $65+81\div(28-19)=\boxed{74}$ $\boxed{9}$, $\boxed{9}$, $\boxed{74}$	(2) 8	(7) 20
	(5) $(21+18)\div3-12=\boxed{1}$ $\boxed{39}$, $\boxed{13}$, $\boxed{1}$	(3) 45	(8) 9
	(6) $88\div(34-12)+56=\boxed{60}$ $\boxed{22}$, $\boxed{4}$, $\boxed{60}$	(4) 30	(9) 1
		(5) 25	(10) 7

MF03

1	2	3	4	5	6	7	8
(1) 1	(6) 36	(1) 6	(4) 35	(1) 1	(5) 33	(1) 31	(4) 40
(2) 30	(7) 10	(2) 31	(5) 19	(2) 0	(6) 22	(2) 55	(5) 71
(3) 32	(8) 53	(3) 0	(6) 87	(3) 42	(7) 40	(3) 0	(6) 1
(4) 3	(9) 1		(7) 51	(4) 28	(8) 100		(7) 21
(5) 26	(10) 0						

9	10	11	12	13	14	15	16
(1) 20	(5) 40	(1) 22	(5) 2	(1) 21	(5) 50	(1) 11	(5) 35
(2) 0	(6) 16	(2) 32	(6) 3	(2) 6	(6) 0	(2) 38	(6) 57
(3) 60	(7) 40	(3) 20	(7) 0	(3) 51	(7) 10	(3) 3	(7) 55
(4) 17	(8) 20	(4) 20	(8) 2	(4) 3	(8) 2	(4) 44	(8) 1

MF03

17	18	19	20	21	22	23	24
(1) 2	(5) 4	(1) 100	(4) 14	(1) 60	(5) 24	(1) 8	(5) 12
(2) 15	(6) 46	(2) 30	(5) 21	(2) 2	(6) 0	(2) 24	(6) 0
(3) 0	(7) 16	(3) 9	(6) 2	(3) 0	(7) 22	(3) 26	(7) 20
(4) 33	(8) 1		(7) 2	(4) 50	(8) 16	(4) 4	(8) 65

25	26	27	28	29	30	31	32
(1) 9	(5) 11	(1) 2	(5) 9	(1) 1	(5) 19	(1) 42	(5) 30
(2) 24	(6) 4	(2) 18	(6) 13	(2) 5	(6) 7	(2) 58	(6) 28
(3) 30	(7) 0	(3) 60	(7) 18	(3) 13	(7) 35	(3) 18	(7) 83
(4) 25	(8) 11	(4) 144	(8) 2	(4) 15	(8) 25	(4) 5	(8) 23

MF03

33	34	35	36	37
(1) 41	(5) 20	(1) 44	(5) 60	(1) ↓(×) $25-(13+9)+7=10$ (22, 3, 10)
(2) 14	(6) 70	(2) 15	(6) 0	
(3) 14	(7) 10	(3) 15	(7) 12	
(4) 57	(8) 0	(4) 24	(8) 3	

MF03

38	39	40
) 바른 계산임.	(1) ↓(×) $(12+9)\times3-33=30$ (21, 63, 30)	(3) 바른 계산임.
) ↓(×) $4\times10+8-18\div9=46$ (40, 48, 2, 46)	(2) ↓(×) $96\div8\times3\div2=18$ (12, 36, 18)	(4) ↓(×) $9+\{7\times(3+5)-20\}\div4=18$ (8, 56, 36, 9, 18)

MF04

1	2	3	4
) 26	(9) 66	(1) 136	(9) 133
) 92	(10) 94	(2) 243	(10) 308
) 64	(11) 104	(3) 180	(11) 144
) 189	(12) 760	(4) 255	(12) 258
) 69	(13) 120	(5) 72	(13) 306
) 188	(14) 378	(6) 368	(14) 168
) 306	(15) 228	(7) 600	(15) 390
) 288	(16) 756	(8) 408	(16) 194

5

(1)
$$\begin{array}{r} 12 \\ \times\ 34 \\ \hline 48 \\ 360 \\ \hline 408 \end{array}$$

(2)
$$\begin{array}{r} 53 \\ \times\ 23 \\ \hline 159 \\ 1060 \\ \hline 1219 \end{array}$$

(3)
$$\begin{array}{r} 81 \\ \times\ 17 \\ \hline 567 \\ 810 \\ \hline 1377 \end{array}$$

(4)
$$\begin{array}{r} 64 \\ \times\ 21 \\ \hline 64 \\ 1280 \\ \hline 1344 \end{array}$$

(5)
$$\begin{array}{r} 25 \\ \times\ 36 \\ \hline 150 \\ 750 \\ \hline 900 \end{array}$$

(6)
$$\begin{array}{r} 41 \\ \times\ 12 \\ \hline 82 \\ 410 \\ \hline 492 \end{array}$$

MF04

6

(7)
```
    4 3
×   2 2
    8 6
  8 6 0
  9 4 6
```

(8)
```
    3 4
×   6 2
    6 8
2 0 4 0
2 1 0 8
```

(9)
```
    1 7
×   1 9
  1 5 3
  1 7 0
  3 2 3
```

(10)
```
    6 5
×   3 3
  1 9 5
1 9 5 0
2 1 4 5
```

(11)
```
    2 8
×   1 4
  1 1 2
  2 8 0
  3 9 2
```

(12)
```
    5 6
×   3 7
  3 9 2
1 6 8 0
2 0 7 2
```

7	8	9	10
(1) 480	(7) 288	(1) 450	(7) 47
(2) 1008	(8) 4536	(2) 1749	(8) 31
(3) 2001	(9) 714	(3) 1804	(9) 54
(4) 169	(10) 912	(4) 609	(10) 33
(5) 1708	(11) 288	(5) 1600	(11) 19
(6) 1886	(12) 3015	(6) 3276	(12) 29

MF04

11	12	13	14	15	16
(1) 558	(7) 2310	(1) 6900	(7) 2665	(1) 8856	(7) 18662
(2) 1326	(8) 1792	(2) 6561	(8) 15568	(2) 11832	(8) 11008
(3) 2430	(9) 1909	(3) 17595	(9) 27020	(3) 18650	(9) 36351
(4) 437	(10) 216	(4) 5207	(10) 38700	(4) 3968	(10) 6630
(5) 972	(11) 1833	(5) 16172	(11) 4466	(5) 24722	(11) 13202
(6) 2405	(12) 2016	(6) 14016	(12) 33516	(6) 13992	(12) 26796

MF04

17	18	19	20	21	22	23	24
) 2	(7) 2…2	(1) 5…7	(7) 3…6	(1) 25	(7) 11…15	(1) 3	(7) 8…33
) 3…1	(8) 2…3	(2) 2…2	(8) 2	(2) 8…10	(8) 5…50	(2) 41…4	(8) 15
) 5…1	(9) 4…4	(3) 2…2	(9) 2…6	(3) 16…4	(9) 21…6	(3) 9…54	(9) 13…8
) 1…9	(10) 6	(4) 5…2	(10) 4…3	(4) 7	(10) 5…20	(4) 6…38	(10) 4…59
) 2…6	(11) 2…6	(5) 3…2	(11) 2…4	(5) 9…17	(11) 14…13	(5) 13…27	(11) 27…9
) 3…7	(12) 3…3	(6) 4	(12) 7…1	(6) 14…47	(12) 9	(6) 11…33	(12) 8…46

MF04

25	26	27	28	29	30	31	32
) 48	(7) 8…3	(1) 25…23	(7) 12	(1) 15…27	(7) 15…23	(1) 24…16	(7) 34…5
2) 16…2	(8) 52…4	(2) 6…6	(8) 3…39	(2) 7…21	(8) 6…1	(2) 12…30	(8) 7…6
3) 7…40	(9) 6…22	(3) 20…11	(9) 36…17	(3) 6…30	(9) 14	(3) 6	(9) 28…4
4) 6…74	(10) 14…13	(4) 6	(10) 7…4	(4) 17…3	(10) 4…5	(4) 10…32	(10) 15
5) 19…2	(11) 6…2	(5) 6…18	(11) 5…59	(5) 9	(11) 38…16	(5) 8…44	(11) 8…28
6) 6…8	(12) 26	(6) 21…11	(12) 16…27	(6) 36…21	(12) 6…9	(6) 11…18	(12) 14…39

MF04

33	34	35	36	37	38	39	40
(1) 44	(6) 196	(1) 14	(6) 1	(1) 63	(5) 0	(1) 24	(5) 30
(2) 73	(7) 8	(2) 22	(7) 10	(2) 92	(6) 30	(2) 6	(6) 80
(3) 7	(8) 108	(3) 155	(8) 25	(3) 100	(7) 8	(3) 0	(7) 40
(4) 63	(9) 30	(4) 70	(9) 0	(4) 65	(8) 32	(4) 51	(8) 80
(5) 12	(10) 10	(5) 26	(10) 34				

연산 UP

1	2	3	4	5	6	7	8
(1) 23	(6) 20	(1) 36	(6) 12	(1) 92	(6) 34	(1) 63	(6) 15
(2) 58	(7) 22	(2) 36	(7) 3	(2) 35	(7) 30	(2) 6	(7) 53
(3) 48	(8) 19	(3) 126	(8) 3	(3) 24	(8) 8	(3) 41	(8) 71
(4) 20	(9) 53	(4) 90	(9) 45	(4) 10	(9) 25	(4) 15	(9) 48
(5) 87	(10) 30	(5) 4	(10) 5	(5) 157	(10) 70	(5) 70	(10) 16

9	10	11	12	13	14	15	16
(1) 23명	(4) 28명	(1) 7개	(4) 10개	(1) 9모둠	(4) 44개	(1) 550원	(4) 10
(2) 35개	(5) 44장	(2) 6자루	(5) 200개	(2) 370개	(5) 240000원	(2) 5자루	(5) 44
(3) 29장	(6) 147개	(3) 24 cm	(6) 7개	(3) 82 cm	(6) 3600원	(3) 3개	(6) 20